健康中国系列丛书
Food Cultural Books of China

刘敬贤 编委主任
张春海 张奔腾 荣誉主编

吃饭的境界

能吃能喝不是健康，懂吃懂喝才是健康，胡吃海喝最是遭殃！吃出健康，吃出幸福，吃出快乐好心情！

张仁庆 编著

经济日报出版社

内容提要

如果问一个人"你会吃饭吗?"对方一定会感到惊奇。而在现实生活中会做饭,能吃出健康,吃出好身体,的确是一门学问。饮食是人类生活的第一需要,与人类的健康息息相关。但是,我们的饮食习惯长期以来受到传统观念的影响,更可怕的是,目前在人群中仍然存在着一些饮食陋习和错误的饮食方法,人们对于合理膳食的理解,还存在着不少的误区,使我们的身体健康和生命安全都受到了巨大的威胁。

本书从倡导饮食革命、改变饮食观念和科学饮食的角度出发,对现实生活中存在的不良生活习俗、饮食误区、不健康的食材以及操作不当引起的饮食错误,提出了科学性的纠正和指导,教读者如何去做、如何搭配、如何烹调才是合理的科学饮食。本书所提出的观念新颖、操作简单、易懂易学,令人耳目一新。可以说,这也是一本针对健康饮食的科普知识指导书。吃饭的境界是什么?吃饭的目的是什么?在本书中您都可以找到答案。

吃出健康,吃出品位,吃出文化,吃出境界,吃出健康好心情,是本书作者献给广大读者的一片爱心!

张仁庆

2016 年 12 月 26 日定稿于北京

中国厨圣——彭祖

　　彭祖，相传生于夏代，姓钱名铿，是颛顼帝之玄孙，距今已有4300多年的历史。传说他活到了殷商末年。他倡导美食、健康，一生中所创造发明的"羊方藏鱼""天下第一羹"等众多名菜都被流传到了今天，是中国烹饪界名副其实的始祖。因献雉羹于尧帝而被封于彭城，故后尊称为彭祖。

图为主编张仁庆先生（右一）参加北京电视台养生堂节目。

主编张仁庆先生与翁维健教授合影。翁维健教授在本书编写过程中多次与主编交谈并给予指导。

"人无精神不立，国无精神不强"，作者倡导的厨师精神得到了广大厨师的响应。

联合国（NGO）世界和平基金会国际低碳环保委员会

联合国（NGO）世界和平基金会国际低碳环保文化产业中心

国际绿色产业协会

序

古人讲，宣物莫大于书，存形莫善于画，中国食文化丛书在传承中国传统文化，弘扬健康饮食，传授烹调知识方面，做出了巨大贡献。

近日，中国食文化丛书编委会主任张仁庆先生带来一部书稿，邀我写个序，内心诚惶诚恐，焉能担此重任，虽推托半晌，但最终还是硬着头皮应允了。拜读之后不禁思索良久：张仁庆先生着实找到了一个饶有趣味的课题。提到吃饭没有人不熟悉，可怎么吃，怎么吃出境界来可真真儿是件难事。吃，是人生永恒主题之一，提到"境界"二字，又当是睿智的思考。"吃饭"与"境界"的碰撞，必然会迸射出激烈的火花。为此我特意上网检索了——"吃的十大境界"（复制如下），与广大读者分享：

境界一"果腹"：俗话说就是填饱肚子，就是一个"吃"字。形式比较原始，只解决人的最基本的生理需要。

境界二"饕餮"：吃的是一个"爽"字。但免不了一个"俗"字，有不雅之嫌疑，同时也有浪费之嫌疑。

境界三"聚会"：此境界重在这个"聚"字。这种吃不需要太多的讲究，"吃"是个形式，关键在"聚"背后的引申含义。逢年过节、生日聚会、升迁发奖，友人来访，随便找个理由都可以去趟馆子，这是一种礼节上的习惯。这种吃讲究个热闹。不需要太豪华和奢侈。

境界四"宴请"：多以招待为主。这种吃不以"吃"的本质为主旨，关键在于这个招待背后的目的。所以，这种吃重在讲究一个排场，价钱昂贵，因此也多以公款招待为主。

境界五"养生"：它比较讲究"食补"，是大吃大喝在认识观念上的一种理性升华。就是从心理上对积劳的身体也是一个安慰。

境界六"解馋"：吃的东西一定要"鲜"。这个境界有两个层次：一是吃"物"，二是吃"名"、吃"文化"。

境界七"觅食"："觅食"，那就得四处去"找"。在寻找中获得"吃"的乐趣，这个"找"又分为两个层次，一个是有目的地去找口头盛传的流行馆子；一个是漫无目的地找寻意中的吃处。

境界八"猎艳"：馆子要"奇"。以"新""奇""特"为主要特征。

境界九"约会"：这时吃的已经不是"物"，而是"情"。

境界十"独酌"："独酌"，在于一个"品"字，吃什么不太重要，关键是一个寥落的心情，要么伤感、要么闲适。一个人浅斟低酌，物我两忘。

以上是我个人的观点和理解，更多的内容和知识在本书中得到了充分的体现。不免为张仁庆先生高兴，高兴的同时又打心底里佩服：真难为他了，斟酌此书不知付了多少艰苦努力。借此良机，向张仁庆先生致以敬意和感谢！

感谢原因在于：书中详细描述了许多关于吃法与健康的观点，难能可贵。

吃的境界，历来如此。历史上的名人谈吃的境界，名庖名厨、精华饮食、乡俗礼仪、风土人情、名人雅士乃至宫廷御宴的专门论著琳琅满目，比比皆是。

但本书作者将平生所尝到的、见到的、听到的，都大胆地写出来。其饮食、健康、营养方面的内容十分丰富。饮食不良习俗、饮食误区以及不健康食材和操作不当引起的饮食错误之类的叙述非常详尽，要知道，这方面的知识之前是很少有人问津的，更不要说专门为此著书立说了。张仁庆先生这本书的出版，不能不说是中华饮食文化史上的一件幸事。

作为中华民俗民食研究工作中的小学生，我正是怀着这样一种心情，不惴冒昧地将《吃饭的境界》推荐给广大读者，以此抛砖引玉、拾遗补缺，为健全、丰富和发展我国的烹饪、饮食、营养、健康文化事业尽我自己的一份微薄之力。

姜波

2017 年 5 月于北京

目　录

第八章　开店的境界：餐饮行业应该这样做

第一章

了解食物性质，健康食中来

你真不一定会吃饭

在中国及世界大部分国家，吃饭除了"一日三餐""解决温饱"之外，它还是文化，是科学，是技术，是健康的基本保证。吃是各个民族在发展过程中地理、历史、政治、经济和文化的侧面表现，吃是看似平常实际不平庸的极有价值的存在。

很多读者会说："说我不会吃饭？简直是天大的笑话。"先别急着下定论，看完这本书你就会深深地感觉到——吃饭，还真是门艺术，还真的不是很容易就能学会的！学吃饭，首先要掌握和了解吃饭的目的，那么，人是为了吃而活着还是为了活着而吃饭？这两种吃饭的目的都不正确，**正确的目的应该是：补充营养、增加能量、缓解疲劳、保健体质。**

既然"补充营养、增加能量、缓解疲劳、保健体质"是我们吃饭的终极目的，就让我们先来看看什么是营养。

营养是指人体吸收、利用食物或营养素的过程，也是人类通过摄取食物以满足机体生理需要的生物化学过程。营养是生命的物质基础，营养素组成成千上万种食物，而各种各样的食物又组成了风格迥异的饮食。饮食的食物组成在不断变化，但维持人类健康始终是营养的主题。**我们每天都在食物中吸收到营养与能量。**人类从食物中获取能量和营养，这就产生了食物的色、香、味、形、质、养，美观而营养丰富的食物供给人类生命需求的营养和能量。

营养素是生命的物质基础，营养不仅可以维系个体生命，也关系到种族延续、国家兴盛发达、社会发展和人类文明。合理营养、平衡饮食极为重要。

丰盛的美食

人体必需的营养素包括：

糖类（又称碳水化合物）、蛋白质、脂肪（甘油三酯）、维生素（又称维他命，有 20 几种），矿物质（又称灰分、微量元素）、水（H_2O 又称氢氧化合物）、膳食纤维（又称粗纤维）。这些营养素，就是人类生命中不可缺少的营养成分，有了这些营养素的供给，及时的补充，人类才会健康地生活，快乐地成长。

这些能量、营养的大体分布和作用。

碳水化合物

碳水化合物也称糖类、碳水化物，是由碳、氢、氧三种元素组成的化合物。它的主要作用是产生热量，维持人类体温，供给热能量。主要分布在粮食、小麦、稻米中，但是水果中的果糖、葡萄糖，奶品中的乳糖，蔬菜中的甜菜，甘蔗中的蔗糖，都存在着糖。糖又分为单糖、双糖、多糖等。糖的结合物有糖脂、糖蛋白、蛋白多糖三类。

蛋白质

蛋白质是一切生命的基础，是生命之源，对人体十分重要，它与卵磷脂统称为生命之源和生命之本。它不仅能修复损失，补充营养，而且还能转化食物中糖类、脂肪、卵磷脂、核酸、胆固醇等物质，具有互补作用和调节转化功能。主要来源于坚果、核桃、杏仁、银杏等。还可以来源于动物性原料，如鸡蛋、瘦肉、鱼虾、海鲜等。

脂类

脂类是一大类有机化合物，是脂肪和类脂的总称，对人类健康的作用较大。它能产生热量，又能保护体温，转化营养，通便润肠，强身润肤。它主要来源于大豆、芝麻、花生等植物类的种子和动物的肥肉。我们每天每人摄取量在 25 ~ 40 克（50 克为一两、25 克为半两），生活中食油过量的现象普遍存在。25 克脂肪、半勺汤左右，而我们再磕瓜子、吃零食、吃油炸食品，就会超标，时间长了产生脂肪肝、肥胖症、心血管病、高血脂。

维生素

维生素主要存在于蔬菜、瓜果中，人类体内不能转化维生素，必须从食物中得到补充。老虎、狮子可以在体内转化维生素，它们不需补充。维生素主要作用于神经系统，大脑和各种感观神经。如果缺乏维生素，会导致小儿痴呆，老年痴呆症等症状。我们中国人吃蔬菜多，聪明智慧。但是，烹调时火候太大，长时间炖煮就会破坏维生素。

矿物质

矿物质又称微量元素、灰分，它在人体占的总量不到万分之三，但是对人类的健康十分重要。造血、神经系统都离不开矿物质。主要分布在水

果、蔬菜、食盐中。水果的苹果，蔬菜中
的茄子、土豆、大蒜矿物质含量高；海产
品中的贝类也含有丰富的矿物质。我们许
多人在吃海鲜时将贝壳随手掷掉，这是很
大的浪费，我的方法是将贝壳收集清洗干
净晾干，在炖汤、炖肉、炖鱼、炖鸡时，
洗净放到锅底层，随着高温的炖煮，贝壳
中的矿物质会融解到汤里，增加微量元素。
这对我们的健康饮食十分有利，而且还能
增加鲜美味，调整口味，并能有效防止糊锅。

一壶老茶，健康饮品

水

水是由氢气、氧气组成的，因此，水也被称为氢氧化合物。水不仅能
补充营养，而且还有输送营养，调节体温，排毒养颜，通便利尿滋润皮肤
等作用。人类生命的每时每刻都离不开水。每天每位成年人喝水量不低于
2500 毫升。这包括吃的水果中的水分，喝的粥、汤类与水溶性食物。饮
水的基本原则是保持水平衡，即排出多少水，补充多少水。

食物纤维

食物纤维又称粗纤维，曾有学者对它有争论，说它没有营养价值，但
它在增加消化道动力，排除肠胃毒素有很好的作用，因此又被认可。主要
存在于蔬菜、粮食类食品中，如蔬菜中的芹菜的粗丝、小麦的麸皮都是明
显的纤维素。

真正有营养的饭菜，是要结合以上六种主要营养素的美食，所以说，
会吃饭绝非易事。

吃饭的境界

吃饭的境界就是文明的境界。中国的食文化博大精深，与吃饭相关的境界有：食物、食欲、饥饿、美学、味觉、营养、消化、烹饪、礼仪、经济。下面谈一下每种境界的理解和标准。

1. 食物

食物是大自然赐予人类的美食，浪费是可耻的。不浪费饭菜，吃干净是最高的境界。要求食物干净卫生、营养美味、色泽美丽。

而在我们现实生活中浪费现象很严重，从家庭到饭店有 1/3 的食物被浪费掉。为此，中国农业大学成立了一个专题组，对全国大中城市三年来 2700 桌酒席的剩余饭菜进行了收采化验，2007—2008 年合计浪费总蛋白质 800 万吨，相当 2.6 亿元人民币，脂类浪费 300 万吨，相当于 1.3 亿元人民币。

2. 食欲

食欲又称为吃相，食欲好，多吃、吃饱无可厚非。若是吃相过于粗蛮就要反思了。正确的吃相是：举止文明、量化分餐、干净卫生。而狼吞虎咽、筷子乱拨，口唾横飞的吃相则是粗俗、浅薄，这就毫无境界可言了。

3．饥饿

人的消化代谢是正常的生理现象，吃饭来增加能量，补充营养是人之常情。吃饭的标准是，吃七分饱，消化吸收好是最高境界。而现实生活中吃得胃胀肚圆，大腹便便，吃得营养过剩，吃得血糖高、血脂高、吃出肥胖症、心血管症病等慢性疾病是无境界之举。现在，我们已经解决了温饱问题，也能满足营养的需求，因此我们应该对美食进行更深层次的探究，吃出健康，吃出美丽。

4．美学

烹饪美学是中华美食的传统美德，菜肴的色、香、味、形、器、料、质，这七大特性中，色、形、器、料四种最讲美学。美食的最高境界是出品美观。每一道菜品是一幅有形的画，每道菜品是一首无言的诗，正是这诗情画意成就了美食。常有人说，用眼睛吃饭。就是指人们对食物色泽的讲究。

5．味觉

味觉是口味，中国菜百菜百味，味是菜的灵魂，有味才有魂。有人为此称：中国食文化为口腔文化。味觉的最高境界是适口者珍，鲜美可口，无异味，是本味和各种味型的体验。古人讲，众口难调，适口者珍。就是讲，好吃就是美味。《吕氏春秋·本味篇》是我国最早的调味理论，书中讲：水生者为腥，食草者为膻，食肉者为臊。就是说，各种原料存在着各种异味。水生的鱼、虾、蟹有腥味；食草的牛、羊肉有膻味；食肉的狼、果子狸、狐狸有臊味。

调味就是要去掉异味，增加美味，丰富口味——好吃，没异味，没恶味即可。

而在现实的烹调中乱加调味品，十五香、十八香、二十五香，各种调料乱加，我曾到广西巴马瑶族自治县考察，他们饮食的一个最大优点就是口味清淡，不乱用调料。

6. 营养

营养就是我们一天所需要的营养素，包括糖类、蛋白质、脂肪、维生素、矿物质、水、膳食纤维，俗称七大营养素。营养的最高境界是营养均衡，营养全面，搭配合理。

营养均衡、合理、全面，才会健康，偏食忌口，凭自己的感觉去不吃什么，爱吃什么，都会造成营养失衡，造成疾病。

西医讲营养，中医讲养生，要求营养平衡、阴阳平衡。西医是经过化验，分析出许多数据。对食物也是以分析、化验、数据为准。对人体也是以数据为标准，但也会造成一些误区。例如：鸡蛋中含有人体需要的蛋白质，蛋黄内含有大量的卵磷脂和一定量的胆固醇，这些胆固醇在体内被卵磷脂所吸收转化，人体基本吸收不到胆固醇。另外，胆固醇是人体的一种生理元素。许多人不敢吃鸡蛋，不吃蛋黄就是在化验单的误导下失去了一种优质蛋白质，是营养素的一种损失。

7. 消化

消化是将食物转化成能量与营养的根本途径。所有的食物进入人体后，第一步，就是进入消化系统，从口腔到胃，十二指肠、小肠、大肠、直肠，废渣排出体外，是一个消化过程。消化得好，才会吸收得多，充分享受营养美味。消化的最高境界是彻底消化，完全吸收营养。

在消化吸收方面水起到了重要的作用。它能溶解营养，稀释食物，代谢循环。从食物进入口腔，口中的唾液，到胃液，食物进入十二指肠，它又迎来了胰液、胆汁等，进入小肠时所有的食物是稀释状态，在这种状态下才有利于吸收。这就是水的推动作用和协调功能，每天人体用于消化食物的体液在 2000 毫升以上，因此喝水不能低于 2500 毫升。如果饮水不足就会消化人体内的水分，又称体液。长期缺水百病生。

另外，在食物进入口腔时需要嚼食，才会产生唾液，食物与唾液充分混合，才有利于消化。有人吃饭，嚼食时间长，是有利于消化的好事，不要去指责或制止他。

8. 烹饪

烹饪烹调是由原料变成美食的加工过程，家庭称为做饭，饭店称出品。烹饪从采购原料到加工，到切配、烹、炒、煎、炸是一个系统的工程。因此，每个环节都要耐心、细心、用心。调和五味，探索养生，烹调出色、香、味、形、质、养俱佳的饭菜是烹调的最高境界。烹调要坚持五条标准：

（1）不采购腐烂变质、无产地、无商标、无食品安全检验的"三无食品"原料。

（2）不准在仓库中混装、混存、混冷冻食物。

（3）不准烹调已经腐烂变质的食品原料。

（4）生熟分开。不准将熟食、冷菜与生肉、生菜用一个板切，用一把刀剁，要分开使用，分开加工，以免交叉感染。

（5）要有量化标准概念。多少人，吃多少，调料用多少，一斤面加多少水，一斤米出多少饭，要有一个准确的把握。俗称"看客下菜"，不浪费，不打包，不重复加工。

9. 礼仪

我们中华民族是文明之邦，礼仪之邦。倡导文化产业，文明经营，讲究诚信是当务之急。礼仪与文明息息相关，饮食礼仪是饮食文明的体现。饮食礼仪的境界是：请客时，客人上坐，坐在主人的两旁，上菜后让客人先夹，第一碗饭，第一杯酒应让予客人。

在家庭饮食中，应当等全家人到齐了，一起围在饭桌前吃饭，老人长辈应坐上座，第一碗饭让长辈先吃；长辈、客人没动筷，不要先抢食、抢饭；家里有人没回来应留饭；有人过生日时，第一碗饭让给他，并表示祝福；家里有小孩先喂饱孩子或者教他一起用餐；对行动不便的老人应扶他入座，敬老爱幼体现到家庭的温暖；节假日时尽量早点回家，帮助洗菜做饭；吃完饭后，一起动手收拾碗筷，清洗，倒掉垃圾；从点滴小事养成良好的品德，体现中华礼仪。

10. 经济

在我国的传统礼节中，倡导有朋自远方来，不亦乐乎。好客、热忱是传统美德，而要量体裁衣，看客下菜。招待客人的最经济的境界是既大方又不乱花钱、不浪费。请客吃饭是家庭和企业常见之事，要本着五条基本原则就会处理好此事：

（1）因人施菜，要看客人的身份，对企业和家庭的作用，大到高档饭店，海参、燕窝，小到一碗牛肉拉面。

（2）因时点菜，现在是隆冬季节，你还点拍黄瓜、大拌菜，既不利于养生，也不体面。

（3）因地点菜，我们到了青岛、烟台、大连就应点海鲜，别点麻婆豆腐、锅巴肉片。

（4）食物有相克、相畏、相杀之性质，例如：牛肉与猪肉就相克，我们许多人，点个五香牛肉，再点个红烧排骨，这样相克的菜不能点。

（5）因事点菜，要组织大型宴会，招待客人，我们应提前把握标准，列出预算，包括酒水、场地、饭菜标准都要把握，不能盲目乱点，最后结账傻了眼。这就是经济的境界。

吃饭的境界是本书的重点，我们下面几章将会围绕这一主题做更细致、更深刻的展开。

创新意境菜

你应该养成的五个吃饭好习惯

1. 不剩饭

小学课本里学的第一首唐诗就是《悯农》，"锄禾日当午，汗滴禾下土。谁知盘中餐，粒粒皆辛苦。"这样的诗句相信各位读者印象也十分深刻。随着社会的发展，科技的进步，我们的生活水平越来越高，对于食物的接受程度也变得没有以前那么宽容了。挑食、某种菜不好吃可能会成为有些人剩饭的借口，我们从小养成的不剩饭的习惯，就这样轻易地被改变了。如非身体不适，上到桌子上的饭菜要吃得一干二净，剩饭是浪费，对做饭的人也不够尊敬。我们应该珍惜粮食，珍惜每一份美食。《治家格言》中讲"一粥一饭，当思来之不易"。

2. 吃饭不讲话

吃饭时讲话会传染疾病，很不文明。同时，进食时讲话也影响食物的消化，影响唾液的分泌，不利于健康。

"食不语，寝不言"是我们的古训，意思就是说，吃饭的时候不要说话，睡觉的时候也不要说话。这是孔子在规范自己和规范弟子时常说的话。孔子认为"礼"是至高无上的。吃饭不说话是我们个人修养的体现。

3. 讲究饮食卫生

请客也好，家宴也罢，不要互相夹菜。互相夹菜时，餐具能传染疾病，是不健康的陋习。食品卫生也应十分讲究，食物不要提前解冻，烹调前再解冻；酒店加工好的食物、快餐 4 个小时之内如果卖不出去就要倒掉、销毁，不能再卖给客人。分餐制也是食品卫生的一种体现。

4. 讲究量化标准

每天饮食中获得的营养素要种类齐全，数量充足，比例合理，以满足机体代谢的需要。每个人都应该有一套属于自己的饮食量化标准，管理好每日摄取的营养素，这对体重管理、健康管理都有举足轻重的作用。

5. 不劝酒，不喝烈性酒

把喝酒当作一种情调，当作增加营养的饮品是可以的，但不建议狂饮、强劝别人饮。在敬酒与劝酒方面倡导礼仪式敬酒，而不劝别人喝酒，更不逼别人喝酒。要减少烈性的白酒、高浓度的白酒的摄入。否则会给身体造成巨大的损害。

文明的饮食，体现出一个民族的深层文化；文明的饮食，体现出一个人的修养。

这五个吃饭的好习惯，值得你拥有。

饮酒适量，葡萄酒从不倒满杯

五种饮食害了你

文明的饮食可以给我们带来好身体，但是不健康的饮食习惯则会对我们的身体造成不良影响，带来各种慢性病，甚至会威胁我们的生命。

1. 甜食

甜食主要是色泽艳丽的面包、烤蛋挞、果酱、冰激凌、巧克力等。有些人在用餐时，每餐都要安排一定量的甜食。甜食含有大量的热量，能导致肥胖、滋生高血脂、高血糖、糖尿病等慢性疾病，从而引发心血管疾病。

另一种吃甜食方式是——美酒加咖啡，喝了一杯又一杯。咖啡中的糖与酒精直接损害心脏，造成心脏的负担，咖啡中加了许多糖，再加上咖啡因子的作用，破坏人体生理机能，是不健康的饮食方法。

多吃甜食会造成肥胖、心血管病以及其他慢性病，因此，切不可贪吃甜食。

2. 牛肉

牛是力量的象征，吃牛肉能使人充满力量，对身体发育有好处。因此很多人刻意地多吃牛肉，我们传统的炖、煮牛肉，若严格控制摄入量，其实不会对人体带来很大的危害。但很多人喜欢吃牛排，烹调牛肉牛排的方式，不是炖、煮、卤，而是烤、煎、扒，有人甚至是调味后直接生吃。

牛肉的热量大，牛肉中的脂肪是饱和脂肪酸，其溶点极高，在42℃以上，这些饱和脂肪酸进入人体后，很难溶解，消化吸收的速度很慢，效率也不高，残留在体内就是毒素、毒垢。在和牛脂肪制品，制成的黄油、奶油、酥油混合进入体内后，就会残留在动脉血管中，形成脂质物，这些脂质物会堵塞血管，引发心脑血管疾病，例如中风、血栓、动脉硬化，心肌梗死等病。

牛肉干、牛肉罐头等牛肉制品，质地较硬、热量大，吃进胃里，很难消化吸收。同时在制作牛肉制品时又加进了防腐剂、酸梨剂、香料、砂糖等，表面上看似健康，实际是危害健康的食物。

事物都是一分为二的，健康是吃出来的，疾病也是吃出来的，吃不出健康就是反作用的隐患。

3. 吃青菜少

蔬菜和水果在国人饮食构成比重分别为 33.7% 和 8.4%，是饮食的重要组成成分。少吃青菜、绿叶菜和新鲜蔬菜，会造成维生素微量元素缺乏，常出现孕妇流产、大头儿、老年痴呆。我们所熟悉的美国前总统里根，不到 70 岁就患上了老年痴呆症。蔬菜中有我们人体所必需的维生素、矿物质和食物纤维，具有增进食欲、促进消化、丰富食品多样性的功效。不喜欢吃青菜的人眼珠转动缓慢，不灵活，久而久之会导致脸上皱纹增多。这就是缺乏维生素和矿物质所导致的。

没有喷洒农药生长状态的圆白菜

4. 香味食品

有些人除了喜欢甜食外，另一种嗜好就是吃香脆可口、香味浓郁的食品。我们有位高级编委写了一篇"地球为香味而转"的文章，介绍了香味食品在西方的市场占有情况。香味食品的制作方法多是烧烤、煎炸，脂肪多、用油量大。油脂经过反复加温、炸、烹，就会变成了没有任何营养价值的反式脂肪酸，也就是我们常说的坏脂肪。再加上操作不当就会由锅中冒出青烟，冒青烟的油脂比反式脂肪酸更可怕，在食用油焦糊时才会冒青烟，而焦糊的食用油会产生焦化物——二氧化硫，二氧化硫是致癌物。

其次，经过油炸的食物，油脂已浸透到食物中内，一般情况下吃一顿油炸食物，其中的脂肪含量早已超过 50 克，已经大幅超出每人每天吃 25 克油的标准，再吃另外两顿饭就会成倍地过量，从而导致脂肪超标，营养过剩造成肥胖或心脑血管疾病。

香味食品，多数金黄灿烂，引人食欲，但是美食美味的诱惑，是害你没商量的软刀子！

5. 烹调方法不当

在西餐烹调中，常见的是烧烤、煎炸，用我们传统的烹调分类称为火烹。而石烹、水烹、油烹是中国烹饪逐步升华的步骤。人类的进步靠文化的提升，有人讲"生与熟"是文明的分界线。这就是说我们人类在50000年前发现了火，把食物煮熟再吃，减少了疾病，增多了美味。是从茹毛饮血的状态下一大进步，是向文明社会腾飞的一种基础。从此，熟食开始创造了人类文明。

而 15000 年前的新旧石器时代交替的过程中，我们的祖先发明了陶瓷，用陶罐盛水来煮、炖食物又是人类文明的一个飞跃。这就产生了水烹，利用水或水蒸气，煮食物、蒸馒头、蒸包子、蒸肉、煮水饺、面条等，这些都是水烹给人类带来的福祉。

水烹的炖煮，把食物的营养溶解在汤里，同时经过炖煮去掉异味，增加美味。用《吕氏春秋·本味篇》的话讲叫："九鼎、九沸、去腥灭臊、炖出美味。"而西方人很少用水烹、很少吃炖菜、砂锅、汤羹。因此他们体内缺少水分。我们知道人体一天用于产生消化液的水就在 2000 毫升以上，如果饮水不足，消化时就会利用体液、消耗人体的水分。这样久而久之就会造成体内缺水，消化不良，便秘等情况，导致疾病的发生。

炖菜的另一种好处是，食品原料中的营养成分经过高温炖煮，能溶解于汤中，人们喝汤时容易消化吸收，既补充营养又增加了水分，炖菜在制作中能使食物中的嘌呤物、异味、有害毒素挥发去除掉，而烧烤、烹炸、急火猛炒是达不到这一目的的。

同时烧烤能产生大量二氧化碳，二氧化硫炖菜却能降低二氧化碳的排放量，减少环境的污染，炖菜是低碳环保健康美食。为此我专门写了一本"炖菜"的图书，年底前也将出版，而关于炖汤的《男人保健汤》《女人滋补汤》也是炖菜的经典之作，近期将会出版发行。

如果大家有兴趣，可以去参阅我编写的《厨师培训教材》和《最新厨师培训教材》，书中涉及了中餐的标准，为开展中餐烹饪教学提供有力的帮助。

粗粮双色花卷

动物为什么这样吃

动物是人类的朋友，它有些方面比人类还聪明。例如：在即将发生地震、海啸的前五六天，它们就会有所察觉，老鼠、黄鼠狼、蛇等会跑出洞外或成群地逃亡。20 世纪 70 年代，辽宁营口海城地震时，那是寒冷的冬天，蛇与青蛙处入冬眠状态，冬眠时的动物处于昏迷状态，但是在地震来的前三天，蛇和青蛙就跑出了洞外，让人们感到很是惊奇和不解。

在 500 年之前，名医李时珍到野外采药，在河边树荫下休息时，他发现一只水獭捕到了一条河豚鱼，吃了河豚后，水獭被毒得在地上打滚，这时只见另一只老水獭爬到一棵紫苏（苏子）下摘下了几片紫苏叶，吃到嘴里后，喂给中毒的水獭，在地上躺了一会，鱼毒被解，水獭翻身跑到河里钻入水中。

大山中野生的黄羊、梅花鹿、狐狸等遇枪伤或得病后，它们都会采集中草药自救。这说明动物的聪明、灵气是存在的。同时它们又采集天地之灵气来养活自己，保持生态平衡。我们在此分析一下它们的饮食，对我们人类健康饮食会有启迪或借鉴。

1. 牛羊饮食

牛羊吃的是草，喝的是山泉凉水，夏天吃青草，冬天吃干草，而且常年如此在野生状态下，没有精料或粮食增加，它们活得很健壮，牛能拉车、耕地，羊从一只小羊羔能长到100多斤重的大山羊。奶牛一天可以产出上百斤的牛奶，这些牛奶营养很丰富，并且蛋白质含量都很高。我们没有见过一只羊因只吃草而被饿死或瘦得皮包骨头。它们只吃草就能正常发育，生儿育女，健康成长，健壮有力。

素食也能养生。

2. 小白兔饮食

小白兔每天吃的萝卜、白菜、野菜、野草，它所吃的菜都是生吃的，没有烹炒炖煮，也没有凉拌和调味，它吃得津津有味，长得皮毛光亮、体壮肥大。并且有很高的繁殖能力，几乎一年产仔六窝以上，平均两月一次。每胎产仔在三只以上。它产生碱性粪便，从不患病。

生吃蔬菜更营养。

3. 猴子饮食

猴子聪明伶俐，每天在山涧树林中跳跃、欢跑。春夏秋季吃水果、瓜果、野果，有时偷点农民种的玉米、白薯啃食，冬天吃坚果，松子、核桃、树的种子等。它早晨活动，上午觅食，活泼可爱、身轻如燕，而没有吃大鱼大肉，也没吃山珍海味，照样健康聪明。坚果、水果更营养。

4. 老虎狮子饮食

老虎、狮子是食肉动物，它们身壮体大，被称为百兽之王、森林之王。据专家考察，它们三天吃一次食，平日喝水或打牙祭。正餐饱食最快三天，有时五天，也就是说它 3 ~ 5 天吃一次正餐，照样健康威猛。不必一日三餐。

5. 猪狗饮食

猪每天吃糖化饲料，一日三餐一顿不少，吃饱了睡，睡足了吃，饿了就嗷嗷叫。果然如了饲主的意，成长迅速，出栏效率高。狗每天晚上，只吃一顿饭，喝点肉汤，啃点骨头，结果是身条优美，头脑聪明，每天只睡六小时的觉，晚 11 点 ~ 早 5 点，睡觉时耳朵贴着地面，500 米以内来人，它都知道，并且能分辨出是熟人还是生人。我为探究这一问题，饲养过一只猪，它活到 8 年时就又聋又瞎，到 12 年时就自然死亡了。而狗能活 18 年。比猪多活 6 年，同是哺乳、毛皮动物，因饮食的差异、狗比猪的寿命长 33%。吃得太多太饱并不健康。

以上是笔者的观察与思考，绝非奇谈怪论，广大读者只需稍加思索，便可参悟出其中的奥妙所在。通过对动物饮食的思考，或许我们能得到有益的启迪，对我们自身健康有利。

我国著名历史学家吴思先生讲："吃这个话题太大了，大到不好驾驭。"中国食文化博大精深，我们这一代人要努力继承、发展、开拓、创新，这是历史赋予我们的责任。

食物的四性五味

食物中的能量表现在四性五味，四性即指寒、热、温、凉四种药性。其中寒热倾向不明显的食材为平性食材。故也有"五性"这种说法。寒与凉、温与热是程度上的区别。温次于热、凉次于寒。就一般情况而言，寒凉属性的食材有清热、除燥、泻火、消炎、解毒等功效。具体到祛病养生上，多宜用于热症或体质为热性的人。温热性食材则多具有散寒、温补、兴阳的作用，用于中医或食膳上多适合于寒症、虚症及寒凉体质者。通常说来，平性食材多具有健脾、补虚、益肾的作用，而且各种体质特征的人均可服用。

食材是有"气"的，且"气"的属性为"阳"。"气"厚者为阳中之阳，所以其可发热温燥；"气"薄者为阳中之阴，故能发散。

而五味是指食材的酸、苦、甘、辛、咸五种主要味道。（由于淡味可附于"甘味"，涩味可附于咸味，因此习惯称为五味）

1. 食物的四性

（1）平性食物

属性：阳；适宜人群：各种体质；功效：补虚、健脾、强肾

主要品种有：粳米、玉米、锅粑、米皮糠、青稞、番薯、芝麻、黄大豆、饭豇豆、豌豆　扁豆、蚕豆、赤小豆、黑大豆、牛肉、牛肝、猪肉、猪心、猪肾、鸡蛋、乌骨鸡、鹅肉、驴肉、野猪肉、猬肉、鸽肉、鹌鹑、鹧鸪、貒肉、獭肝、蝗虫、蛤蚧、阿胶、醍醐、牛乳、酸奶、人乳、鳖、龟肉、干贝、泥鳅、鳗鲡、青鱼、鲫鱼、白鲞、石首鱼、乌贼鱼、鲛鱼、鲈鱼、鲍鱼、白鱼、银鱼、鲕鱼、鲤鱼、鲳鱼、鲸鱼、鳆鱼、鲻鱼、鲮鱼、鳜鱼、李子、花红、菠萝、葡萄、橄榄、凉粉果、乌梅、熟苦瓜、榧子、南瓜子、芡实、向日葵籽、莲子、百合、柏子仁、落花生、白果、沙枣、榛子、山药、萝卜缨、荠菜、胡萝卜、地骷髅、甘蓝、茼蒿、芜菁、青菜、金花菜、黄牙白菜、豆豉、燕窝、豇豆、马铃薯、芋头、菊芋、节瓜、海蜇、羊栖菜、黑木耳、石耳、香蕈、猴头菇、平菇、蜂蜜、蜂王浆、白糖、豆腐浆、乌饭树叶、荷叶、枸杞子、灵芝、白木耳、金樱子、玉米须、黄精、天麻、党参、茯苓、甘草、鸡内金、白首乌、酸枣仁

（2）凉性食物

属性：阴；适宜人群：热症及阳气旺盛者，对糖尿病、高血压患者有明显的食疗食补作用；主要功效：清热、解毒、泻火、排毒、养颜

主要品种有：粟米、小麦、大麦、荞麦、谷芽、薏苡仁、绿豆、羊肝、鸭肉、兔肉、马乳、蛙肉、梨、苹果、橘、柿霜、枇杷、柑、橙子、草莓、芒果、罗汉果、菱、旱芹、茄子、苤蓝、生萝卜、茭白、苋菜、水

芹菜、马兰头、菊花脑、芸薹、菠菜、金针菜、莴苣、莙荙菜、青芦笋、花椰菜、枸杞头、豆腐、面筋、慈姑、冬瓜、地瓜、丝瓜、黄瓜、裙带菜、蘑菇、金针菇、茶、啤酒花、槐花、菊花、薄荷、胖大海、地黄、白芍、沙参、西洋参、决明子、薄荷、罗汉果、枇杷叶、薏苡仁

盆栽薄荷

(3) 寒性食物

属性：阴；**适宜人群**：热症及阳气旺盛者，对三高患者、**糖尿病、高血压有明显的食疗食补作用**；**功效**：解毒、清热、泻火、排毒、养颜

主要品种有：鸭蛋、鸭血、马肉、獭肉、螃蟹、蛤蜊、田螺、螺蛳、蚌肉、蚬肉、牡蛎肉、鳢鱼、柿子、柿饼、柚子、香蕉、桑葚、阳桃、无花果、猕猴桃、甘蔗、西瓜、青苦瓜、甜瓜、荸荠、番茄、马齿菜、蕹菜、落葵、莼菜、发菜、蕺菜、竹笋、生藕、瓠子、菜瓜、海带、紫菜、海藻、地耳、草菇、黄酱、食盐、金银花、白茅根、芦根、石斛、桑叶、

天门冬、生地黄、金银花

（4）温性食物

属性：阳；适宜人群：寒症及阳气不足者；功效：温中、补虚、除寒、壮阳、滋阴

圆葱又称洋葱，是温性食物

主要品种有： 糯米、西谷米、高粱、燕麦、甘薯、南瓜、牛肚、牛髓、狗肉、羊肉、羊肚、羊骨、羊髓、猪肝、鸡肉、鸡肝、麻雀、雉肉、蛇肉、羊乳、獐肉、蚕蛹、海参、海马、海龙、虾、淡菜、蚶子、鲢鱼、带鱼、鲂鱼、鱼夷鱼、鲚鱼、鲩鱼、鲦鱼、鳙鱼、鳟鱼、鳝鱼、杏子、山楂、大枣、荔枝、佛手柑、柠檬、金橘、杨梅、石榴、椰子浆、龙眼肉、木瓜、槟榔、使君子、海松子、栗子、胡桃、海枣、葱、大蒜、韭菜、熟萝卜、胡荽、芥菜、洋葱、薤白、香椿头、熟藕、生姜、砂仁、草豆蔻、

花椒、荜澄茄、白豆蔻、紫苏、食茱萸、小茴香、丁香、大茴香、山柰、酒、醋、咖啡、食油、红糖、饴糖、桂花、松花粉、刀豆、冬虫夏草、紫河车、川芎、黄芪、太子参、人参、当归、肉苁蓉、杜仲、白术、何首乌、锁阳、人参、黄芪

（5）热性食物

属性：阳；适宜人群：寒证及阳气不足者；功效：温中、补虚、除寒、壮阳、滋阴

主要品种有：桃子、樱桃、辣椒、胡椒、荜拨、肉桂

2. 食物的五味

中医认为：酸味能收能涩，甘味能补能缓。苦味能泄能坚，辛味能散能润，咸味能下能软坚。即所谓：酸收，苦坚，甘缓，辛散，咸软。

就属性而论，味为阴，味厚者阳中有阴，故主泻（降泻），味薄者阴中之阳而能通（利窍渗湿）。相对五味而言：辛甘发散、淡味渗泻为阳，酸苦通泄为阴（详见下表）。

五味	属性	对应五行	对应五脏	食材举例	养生功效
辛	阳	金	肺	木香、紫苏、薄荷、花椒、用芎、肉桂	活血行气，发散风寒
甘	阳	土	脾	红枣、淮山、甘草、黄芪	健脾强肌、滋养补虚
酸	阴	木	肝	乌梅、酸枣仁、五味子、山楂	生津开胃、收敛止汗
苦	阴	火	心	大黄、黄连、枇杷叶、黄芩、杏仁	解毒、清热泻火、除烦
咸	阴	水	肾	牡蛎、芒硝	软坚散结、消肿、泻水
淡	阳			通草、薏仁	利窍通便、利水渗湿

3. 食物的酸碱性

我们日常摄取的食物可大致分为酸性食物和碱性食物。从营养的角度看，酸性食物和碱性食物的合理搭配是身体健康的保障。

所谓食物的酸碱性，是说食物中的无机盐属于酸性还是属于碱性。一般金属元素钠、钙、镁等，在人体内其氧化物呈碱性，含这种元素较多的食物就是碱性食物，如大豆、豆腐、菠菜、莴笋、萝卜、土豆、藕、洋葱、海带、西瓜、香蕉、梨、苹果、牛奶等。一些食物中含有较多的非金属元素，如磷、硫、氯等，在人体内氧化后，生成带有阴离子的酸根，属于酸性食物。如猪肉、牛肉、鸡肉、鸭、蛋类、鲤鱼、牡蛎、虾，以及面粉、大米、花生、大麦、啤酒等。

苹果可以迅速中和体内过多的酸性物质，从而增强体力和抗病能力。除了中和酸碱性，研究分析还表明：常吃苹果有利于减肥，这是因为苹果会增加饱腹感，饭前吃能减少进食量，达到减肥的目的。

几乎所有蔬菜，尤其是绿叶蔬菜都属于碱性食物。它们含丰富的维生素及矿物质，能够为身体增加养分。蔬菜中的大量纤维素还能够使人体的消化功能得到改善，保持肠胃的健康。所以，非常适合用它们来中和体内大量的酸性食物如肉类、淀粉类，帮助食物及时消化和排泄。

营养学家认为，鱼、肉、禽、蛋、大米、面粉、油脂、糖类等都是**酸性食物**。

酸性食物的分类有以下这些：淀粉类、动物性食物、甜食、精制加工食品（如白面包等）、油炸食物或奶油类、豆类（如花生等）。

强酸性食品：蛋黄、乳酪、甜点、白糖、金枪鱼、比目鱼、奶酪、西点、柿子、乌鱼子等。

中酸性食品包括：火腿、培根、鸡肉、猪肉、鳗鱼、牛肉、面包、小麦、鲔鱼、牛肉、面包、小麦、奶油、马肉等。

弱酸性食品：巧克力、空心粉、葱、白米、花生、啤酒、油炸豆腐、海苔、文蛤、章鱼、泥鳅等。

相对来讲，日常膳食中摄入的酸性食物较多，它们会使体液酸化，打破正常的酸碱平衡，甚至会形成酸性体质。而酸性体质会引发健康问题。

碱性食物有豆腐、豌豆、蛋白、牛奶、芹菜、土豆、竹笋、香菇、胡萝卜、海带、绿豆、橘子、香蕉、西瓜、柿子、草莓等。

弱碱性的食物有：豆腐、豌豆、大豆、绿豆、油菜、芹菜、番薯、莲藕、洋葱、茄子、南瓜、黄瓜、蘑菇、萝卜、牛奶等。而呈碱性的食物有：菠菜、白菜、卷心菜、生菜、胡萝卜、竹笋、马铃薯、海带、柑橘类、西瓜、葡萄、香蕉、草莓、板栗、柿子、咖啡、葡萄酒等。

盆栽油菜

多吃碱性食物。研究发现，多食碱性食物，可保持血液呈弱碱性，使得血液中乳酸、尿素等酸性物质减少，并能防止其在管壁上沉积，因而有软化血管的作用，故有人称碱性食物为"血液和血管的清洁剂"。这里所说的酸碱性，不是食物本身的性质，而是指食物经过消化吸收后，留在体内元素的性质。常见的酸性元素有氮、碳、硫等；常见的碱性元素有钾、钠、钙、镁等。有的食物口味酸，如番茄、橘子，却都是地地道道的强碱性食物，因为它们在体内代谢后的最终元素是钾元素等。

能量很强的碱性食品——柿子

碱性药材

属于寒性的碱性药材：石斛、芦根。

属于凉性的碱性药材：菊花、薄荷、地黄、白芍、西洋参、沙参、决明子。

属于热性的碱性药材：肉桂。

酸性的危害

如果过多食用酸性食品，以致不能中和而导致体液呈酸性，消耗钙、钾、镁、钠等碱性元素，会导致血液色泽加深，粘度、血压升高、从而发生酸毒症，年幼者可能还会诱发皮肤病、神经衰弱、胃酸过多、便秘、蛀牙等，中老年者易患高血压、动脉硬化、脑出血、胃溃疡等症。酸毒症是由于过多食用酸性食品引起的，为预防酸毒症的发生，我们要做到不能偏食，应多吃蔬菜和水果，以保持体内酸碱的平衡。水果虽然含有各种有机酸，吃起来有酸味，但消化后大多被氧化成碱性食物。水果中比较特殊的是草莓，草莓中含有不能氧化代谢的有机酸（苯甲酸、草酸），会使体液的酸度增加，属于酸性食品。存在于蔬菜中的有机酸主要是苹果酸、柠檬酸、酒石酸和草酸。这里特别要注意的是草酸，它的有机体不易氧化，与钙盐形成的草酸钙不溶于水而累积于肾脏中，会影响钙的重吸收。在菜蔬中，番茄、马铃薯、菠菜等都含有草酸。

什么是体液酸化

体液酸碱度（pH 值）小于 7.35 时，称体液酸化，当然，人体上应该呈酸性的体液必须是酸性的，如胃酸。产生酸性体质的因素主要是营养过剩、运动较少、压力过大和环境污染。其中最主要的因素是营养过剩，体内摄入过多的酸性食物，无法排出体外，其酸性分解产物导致体液酸化，如蛋白质分解出尿酸，脂肪分解出乙酸，糖类分解出丙酮酸、乳酸。

酸性食物与健康

酸性食物对循环系统的影响：体液偏酸使血液粘稠度增高、血液循环减慢、血液中的脂质类物质易沉积在血管壁上，导致早期动脉硬化、血栓或心、脑血管疾病。

对骨骼的影响：偏酸的体液刺激甲状旁腺，使甲状旁腺素分泌增多，骨骼释放到血液中的钙增多，钙虽然可以中和血液中的酸，但这样长期"借"钙的结果，会导致骨质疏松、骨质增生、骨骼变形及牙齿损害等。

对眼睛的影响：体液偏酸、血液粘稠度增高、血液循环减慢、对组织细胞供氧减少，易造成组织细胞衰老死亡，而眼底的血管又细又长，所以极易受累病变，使循环不畅，发生眼部疾病。

对皮肤的影响：偏酸的体液使皮脂的微酸性状态受到破坏，失去对细菌的抑制作用，易引发痤疮、毛囊炎等感染性皮肤病。据调查，80%痤疮患者的体液偏酸。粘稠度增高，血循环减慢，黑色素及酸性产物在皮下淤积，出现色素斑、皮肤干燥，导致皮肤弹性差、晦暗等。此时皮肤还处于高敏感状态，极易过敏。

对免疫系统的影响：体液偏酸，人的免疫力降低，易患感冒及其他感染性疾病。因此，体液的酸碱平衡对健康与美容起着很重要的作用。

酸味和酸性的疑惑

为什么醋和酸味果汁，用舌头尝是酸的，试纸测定也呈酸性，可到了体内反而不会呈酸性呢？

这是因为食用醋及酸味的水果，含有机酸，如醋酸、苹果酸、柠檬酸等，被体内吸收后，胰液、胆汁肠液就与碳酸钠中和，再被吸收入肝中，很快燃烧成 CO_2。对人体几乎没有影响。因此味道虽酸，却不被列入酸性食物。有些水果，如柠檬、橘子等，其有机酸成分被分解后，留下许多矿物质。如钾、钠、钙、镁等，还有可能使我们的体液呈碱性。

优质醋

蔬菜和水果中的有机酸，除了令人感到酸性外，亦有碱性味。所谓碱性味就是一种粘滑感且带涩味。因食物呈碱性，舌头的粘膜蛋白质受了伤害，一时丧失感觉。这便是一般人所谓蔬果吃多了，口中涩涩，不禁有种寒凉之感的原因。

酸碱性与酸碱味不同，若论味，食物中酸味较碱味更容易被人们接受。但若比较酸性、碱性食物之味道如何，则不能一概而论。有些人喜欢吃酸性食物的美味感，但如碱性食物的豆腐，却也有其独特的清淡味。因此美味不一定是酸性，如大豆中提炼的麸氨酸、卵磷脂，都是味道鲜美的碱性食物。

总之，食物的酸碱性和五性是食物营养价值的体现，是能量的标志。根据一年四季各种食物的成熟期、收获期合理搭配，全面膳食、均衡营养就能达到健康长寿的境界。

吃饭有营养 好吃讲健康

我们的祖先在两千多年之前的《易经》中就对膳食营养提出了精辟的论断：

第一，天地人和。天地生两极，两极生万物。两极包括，天地、阴阳、冷热、黑白、男女等万物，而人类生活在天地之间，就要吃五谷、五菜、五果，达到阴阳平衡，才会健康。

第二，世界是物质的，只有物质才会产生能量和营养，才会产生热量和动力。在生活中探索，利用物质，探索物质，产生物质，丰富物质。

第三，物极必反。中医认为食物入经，就是说，每一种食物对人体的某种器官有着直接的作用，一般情况下一种食物能入经 1~3 个器官。例如：盐进入肾、心、胆经。而此类食物适量摄取对器官有保养、保健、滋补作用。反之，若用量过大，作用较差，就会直接损害相应的器官。

食物对人类健康的关系是：缺了会致病，摄入过多照样会致病。糖入胰、脾、肝经，每天每位成年人根据劳动强度不同，食 250 克~500 克的含糖量的食品即可，也就是说一顿饭 100 克左右（即二两饭）。而现实生活中早餐一碗豆浆三个包子（约 150 克），中餐一大碗面条（250 克），晚上一大碗米饭（250 克），再加上副食品、蔬菜、瓜果，其热量早已超标。这样会增加脏器的负担，损害五脏六腑，引发疾病。

特别是二十世纪五六十年代生活过来的中老年人，他们的饭量极大，胃功能极强，总认为没吃饱，有饥饿感，就会导致多吃、大吃、特吃。吃得有饱腹感了，还在毫无节制地吃。这样的饮食方法是作者不建议的。粗茶淡饭也是生活，没有那么多心血管病、慢性病、糖尿病。"吃饭七分饱"是健康的饮食方式，是值得倡导的。不要因为现在生活好了，物质丰富了，营养过剩了，就饮食无定量。饮食健康，应是国人思考的重中之重。美国哈佛大学食品营养系专家经过 10 年的研究发现，许多慢性病是长期不良生活习惯所引起。世界卫生组织提出 72% 的慢性病是不良饮食习惯所造成的，并告诫人们——"不要死于无知"，提出了健康的四大基石，第一就是合理膳食。

合理就要合适、合理就应该有基本的量化标准。合理才会平衡，才会不得病。

吃是人类生存的第一需要，人类的需求从低级到高级不断地升华，大约可划分为五个层面，又称五个阶段，美国心理学家马斯洛将其定为"需求层次理论"。

生理需求：最原始最基本的需求，如衣、食、住、行、性等；

安全需求：保障预期，如社会劳动保障、就业、职业安全等；

社会需求：归属感、友谊、志趣、情感、爱与被爱、理解等；

尊重需求：被承认、被尊重，包括自尊、尊重、权威、地位、价值等；

自我实现需求：追求实现自我的价值、取得事业的成就等。

吃是最基本的生理需求，也是第一需求，是生命与本能的需求。但是不会吃，吃出病来，麻烦就来了。

俗话说"病从口入"，曾是指吃了不卫生的食物引发传染性疾病。如今，"病从口入"的内涵已经发生了变化：由于饮食不合理，可吃出心脑血管病、肿瘤、糖尿病等慢性病。膳食不合理、身体活动不足、吸烟，是造成多种慢性病的三大危险因素。人的生命活动需要从饮食中摄取能量和营养，因此不健康的饮食习惯是慢性病发生的重要原因。

随着我国的经济发展，人民生活水平的提高，目前居民的膳食结构也发生了明显变化，主要表现为动物性食物增加，植物性食物减少，脂肪摄入量增加，碳水化合物也不减，这种膳食结构很不平衡，能量摄入超过身体的消耗，造成体内脂肪蓄积毒素沉淀与残留，引起肥胖及与肥胖相关的多种慢性病。

《中国居民膳食指南》（2007版）是根据营养学原理，紧密结合我国居民膳食消费和营养状况的实际情况而制定的，是指导广大居民实践平衡膳食，获得合理营养的科学文件，《中国居民膳食指南》（2007版）提出的指导性意见包括以下十条：

食物多样，谷类为主，粗细搭配；

多吃蔬菜、水果和薯类；

每天吃奶类、豆类或其制品；

少吃适量的鱼、禽、蛋和瘦肉；

减少烹调用油量，吃清淡少盐膳食；

食不过量，天天运动，保持健康体重；

三餐分配要合理，零食要适当；

每天足量饮水，合理选择饮料；

饮酒应限量；

吃新鲜卫生的食物。

为把膳食指南的原则具体应用于日常膳食实践，中国营养学会又提出了新的中国居民的"平衡膳食宝塔"（如图）。新的平衡膳食宝塔是对《中国居民膳食指南》（2007 版）的量化和形象化的表达，是人们在日常生活中实施膳食指南的方便工具。

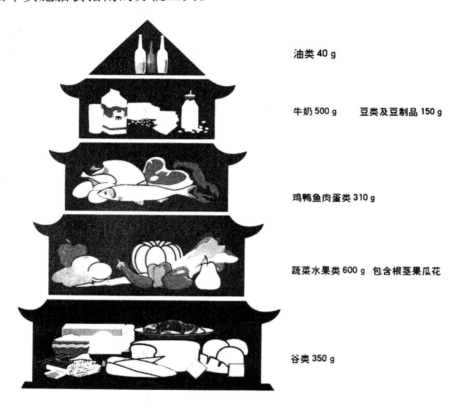

油类 40 g

牛奶 500 g　　豆类及豆制品 150 g

鸡鸭鱼肉蛋类 310 g

蔬菜水果类 600 g　包含根茎果瓜花

谷类 350 g

　　平衡膳食宝塔共分五层，包含我们每天应吃的主要食物种类。宝塔各层位置和面积不同，这在一定程度上反映出各类食物在膳食中的地位和应占的比重。谷物类食物位居底层，每人每天应吃 250 克～400 克；第二层？鱼、禽、肉、蛋等动物性食物位于第三层，每天应吃 125 克～225 克（鱼虾 50 克～100 克，畜、禽肉 50 克～75 克，蛋类 25 克～50 克）；奶类和豆类食物合占第四层，每天应吃相当于鲜奶 300 克的奶类及奶制品和相当于干豆 30 克～50 克的大豆及制品。第五层塔顶是烹调油和食盐，每天烹调油不超过 25 克或 30 克，食盐不超过 6 克。

以上的膳食宝塔及膳食指导是经过营养专家多年研究论证得出的结论。可以供参考，这是一个基本准则。如果没有章法可依、胡吃乱吃，就会把身体吃出问题来。饮食节制，改善不良饮食习惯，贪吃是会自食恶果的。

我们应重视饮食的每个环节，科学饮食、合理膳食，把住病从口入关，不暴饮暴食、不偏食、保持营养均衡。所以说，饭虽好吃，可不要贪吃哦！

科学饮食 6 + 1

食品，是指任何一种能够为人体提供热、能量、有助于人体生长、恢复健康，以及调节人体生理过程的固体和液体物质。

营养素，是指食品所含的蛋白质、维生素、脂肪、矿物质、碳水化合物。包括膳食纤维和水等。对于这些营养素的研究称为营养学。只有含有营养素的物质才是食品。大多数食品都含有几种营养素，例如肉；但有些食品只含一种营养素，例如糖。

消化过程

人体吸收营养素是通过消化食物而进行的。消化食物就是分解食物，人体消化食物的过程分三个步骤：

食物在嘴里与唾液混合，唾液中的酶分解淀粉；

食物在胃里混合并加入胃液，胃液分解蛋白质；

食物在小肠里加入其他汁液进一步分解蛋白质、脂肪、碳水化合物。

吸收过程

人体要从食物中获取营养，就必须吸收营养素。吸收过程发生在食物被分解之后，分解物透过消化道壁进入血液。吸收过程分为三个步骤：

简单物质在胃里形成，消化后进入血液。食物在小肠里被进一步分解，人体吸收更多的营养素。在大肠里，人体从已吸收营养素的废物中再吸取水分。

为了使人体从食物得到营养素。我们应该记住，能刺激胃液分泌、唾液流动的食物必须是气味香、形态美、味道好的食物。如果人们没有从食物中获得充分的营养就会导致人体营养不良。

营养素的作用

营养素的主要作用可概括为以下三点：

提供人体热量，如碳水化合物、脂肪、蛋白质。

有助于身体成长和身体恢复，如蛋白质、矿物质、水等。

调节人体生理过程，如微生物、矿物质、水等。

蛋白质

蛋白质是有助长人体、恢复人体肉细胞组织的作用。它分为动蛋白质和植物蛋白质两种类型。

动物蛋白质。动物蛋白质来源于动物性食品，如蛋、鱼、乳、肉、家禽、野味、奶酪等及动物内脏。这些食品含有肌浆球蛋白、骨胶原（肉、家禽、鱼）、白蛋白、蛋黄（蛋）、酪蛋白（牛奶、奶酪）等。

植物蛋白质。植物蛋白质主要存在于蔬菜籽、豆类及谷类植物颗粒中。绿色蔬菜、根茎蔬菜的蛋白质比例很小，青豆、大豆、坚果仁等含有大量的蛋白质，小麦、黑麦等含有麸朊。植物性蛋白质一般不及动物蛋白质的质量好，因为有些植物性蛋白质缺乏某种人体所必需的氨基酸，这种蛋白质被称为不完全蛋白质。

那么，什么是蛋白质呢？蛋白质是由氨基酸组成的。奶酪的蛋白质不同于肉类的蛋白质，因为组成它们的氨基酸数目和排列次序不同。氨基酸有必需氨基酸和非必需氨基酸之分，必需氨基酸对人体来说是必不可少的，必须通过食物摄入；而非必需氨基酸可以通过自我合成或由其他氨基酸转化，不一定要在食物中获取。

稻米

脂肪

脂肪具有保护人体器官，提供热量和能量的作用，有的脂肪也提供维生素。与蛋白质一样，脂肪也分为两种，即动物脂肪和植物脂肪。脂肪的形状有固体和液体（室温下，即油）两种。

动物脂肪。动物脂肪来源于黄油、板油、烤肉油质、猪油、奶酪、奶油、咸肉、肉类脂肪、含油鱼等。

植物脂肪。植物脂肪从人造黄油、坚果仁、大豆等食物中获得；植物油主要从籽、坚果仁中提取。

脂肪是由甘油和各种脂肪酸所形成的甘油三酯的混合物。含不饱和脂肪酸较多的脂肪，在室温下为液体，通常称为油；含不饱和脂肪酸较少的，在室温下是固体，通常称为脂。在不饱和脂肪酸中，有几种多饱和脂肪酸人体不能合成，而这些多饱和脂肪酸又是人体生理所必需的，必须从食物中摄取，故被称为必需脂肪酸。

碳水化合物

碳水化合物的主要作用是提供给人体能量。日常饮食中的碳水化合物有以三种：

糖。糖是碳水化合物的最简单的形式，是人体消化碳水化合物的最后产物。葡萄糖，从动物血、水果和蜂蜜中摄取；果糖，从水果、蜂蜜和甘蔗中摄取；乳糖，从牛奶中摄取；蔗糖，从甘蔗、甜菜中摄取；麦芽糖，从发芽谷物中摄取。

原生态蔬菜——青岛平度马家沟芹菜

淀粉。淀粉由葡萄糖分子组成，在人体消化过程中，淀粉分解为葡萄糖。人们可以从下列食物中得到淀粉：

谷类，稻米、大麦、木薯；

粉状谷类，面粉、玉米面、米粉、葛粉（竹芋粉）；

蔬菜，土豆、青豆、大豆；未成熟水果，香蕉、苹果；

谷类制品，玉米片、麦片；

熟淀粉，蛋糕、饼干；掺油脂面粉，空心面、实心面、细面条。

植物纤维素。植物纤维素是结构粗糙的植物和谷类制品，人体不消化，但作为肠内的粗食，可刺激肠道蠕动。植物纤维素也称食用纤维。

维生素

维生素是人的生命中必不可少的化学物质，它可用人工方法合成生产。如果饮食中缺少维生素，人就会生病。维生素的作用是调节人体生理过程。

维生素 A，可溶于脂肪，存在于脂肪食物中。它有助于儿童生长，抵御感染病，使人在黑暗中看见东西。人们可以从胡萝卜、黄色水果和蔬菜中摄取维生素 A。深绿色蔬菜是维生素 A 的主要来源。含维生素 A 的食物有鳕肝油、鲽肝油、腰子、肝脏、黄油、人造黄油、奶酪、蛋、牛奶、鲱鱼、胡萝卜、菠菜、芥菜、西红柿、杏等。其中鱼肝油中含量最高。由于牛是夏天吃鲜草，冬天吃储备饲料，所以夏天的牛奶中含有维生素 A 的量最多。

维生素 D。可溶于脂肪，保健骨骼和牙齿。维生素 D 的食物来源是鱼肝油、人造黄油、含油鱼、奶制品、蛋黄等，人体所需维生素 D 的另一个重要来源是晒太阳。与维生素 A 比较，维生素 D 的食物来源较少，鱼肝油是最重要的来源。

维生素 B。可溶于水，水煮时会损失。它具有保持人体神经系统正常，使人体从碳水化合物中获得能量，促进人体生长等作用。

维生素 C。可溶于水，水煮或吸水都会损失。如食物储存太久、碰伤或通风不良都会造成生素 C 的损失，生素 C 有帮助伤口愈合、骨结合，防止嘴和牙床感染等作用。含维生素 C 的食物是黑色无核小葡萄干、草莓、葡萄柚、土豆、柠檬、西红柿、汤菜、桔子等水果、蔬菜。

矿物质元素

人体所需的矿物质元素有 19 种之多，其中大多数矿物质元素人体只需极少量，但是人体在某一时期可能对某一矿物质元素有较大的需求量。人体最有可能缺乏的矿物质元素是钙、铁、碘等。

钙。具有构造骨骼、牙齿，促使血液凝结、肌肉运动等作用。人体中的钙有赖于维生素 D。钙的来源有奶制品、全麦面包、小麦面包、绿色蔬菜等。它也可能存在于饮用水中。虽然某些食物还有钙，但是由于它不可溶，所以无法被人体吸收。

磷。具有促使骨骼和牙齿生长、控制脑细胞机构等作用。磷的来源有动物肝脏、蛋、奶酪、面包、鱼等食物。

铁。具有构造血液中的血红蛋白、在体内输送氧和二氧化碳的作用。铁的来源是瘦肉、动物内脏、蛋黄、全麦面粉、青菜、鱼等。饮用水也可能含有铁，从烹调食物的铁炊具中也可获得铁元素。

钠。钠是人体体液所需的元素，以盐（氯化钠）的形式存在。人体内过量的钠元素随尿液排出，人出汗也会排出钠。钠的来源是加盐烹调食物、加盐食物（咸肉、奶酪）和含盐食物（肉、蛋、鱼）。

碘。具有调节人体基础新陈代谢的甲状腺活动的作用。碘的来源是海味品、靠海边种植的蔬菜和饮用水。

此外，钾、镁、硫、铜也是人体所需要的微量元素。

水

人体对水的需要表现在以下几个方面：体液、消化、吸收、新陈代谢、排泄、分泌、出汗调节体温。水的来源有饮用水、各种饮料，食品如莴苣、卷心菜、苹果、土豆、蛋、牛奶、面包、奶酪、人造黄油；营养素，如脂肪、碳水化合物、蛋白质等燃烧或氧化时，提供给人体能量，并在体内产生一定量的水。

健康饮料是补充水分的途径

总之，食物的基本作用是维持人的生命和健康。

食物为人们提供在体内起三种作用的营养素。尽管饮食习惯和饮食品种因人而异，并且各种营养可以从数百种不同的食物中选取，但是每个人同样都需要上述六种营养素，并且需要的六种营养素的比例大致相同。

在充分获得六种营养素的前提下，我们还应倡导"低碳饮食"：

低碳是人类关注的重点。“低碳、绿色、环保”成为当今社会最炙手可热的发展潮流和趋势。究竟为什么是低碳？百科全书对“低碳”是这样定义的：low carbon，意指较低（更低）的温室气体（二氧化碳为主）排放。随着世界工业经济的发展，二氧化碳排放量越来越大，地球臭氧层正遭受前所未有的危机，全球灾难性气候变化屡屡出现，已经严重危害到人类的生存环境和健康安全。在此背景下，“低碳运动”“低碳社会”“低碳经济”“低碳生活”“低碳饮食”等一系列环保概念应运而生，并逐渐为国人所接受。

低碳生活就是从生活的每个方面、每个细节，减低二氧化碳的排放量。厉行节约，倡导节俭朴素的生活作风。少买一套衣服，减少衣服、被服的库存量；节约用水、节约用电，使用节能环保电气，每周少开两天车，每天少吃一次肉等多方面去体验低碳，自觉低碳。

低碳饮食是低碳生活的一项重要内容，就是在饮食方面降低二氧化碳的排放量，尽量少用高温油炸食品，少用排放量大、污染环境的饮具；在膳食搭配方面，减少热量和脂肪就是我们所提倡的六减低碳饮食新观念。即：减盐、减糖、减脂肪、减酒、减味、减热量，加快体内排毒，简称“低碳饮食 6 + 1”。

减盐

盐是百味之首，又称百味之王，是基本味型咸味，咸味是本味。盐中含有人类健康不可缺少的营养类之一——矿物质。盐是食用的矿物质，主要由动物体内不可缺少的氯化钠构成，但对大部分陆地植物有毒。咸味是基础味道之一，也是重要的防腐剂和深受欢迎的食物调料。

人类消费的盐有不同的形式，包括粗盐（海盐）、精盐（食盐）加碘盐。盐是白色、淡红色或浅灰色的结晶固体，通常来自海水或岩石矿物。因为矿物成分的原因，可食用的岩盐微带灰色。

盐对于所有动物的生存都是必需的，包括人类。盐可以调节人体的水含量（体液平衡），盐的迫切需要或许是由微量无机物的不足以及氯化钠自身的缺乏引起的。盐的过度消耗增加了健康的风险，包括高血压、冠心病等。

咸味主肾，阴阳五行中属水，与颜色中的黑色相对应。是人生命之本的体现。盐养肾，盈水、生津、补血，但摄入盐过量就会损伤肾脏，加重肾的排量负担，起到相反的作用。

盐的摄取量超标，就会严重地损害健康，引发出高血压、心脏病、痛风（尿酸）、糖尿病等疾病。

盐的摄取量超标有两种原因：一是计算有误。例如，在 20 世纪五六十年代人们的饮食水平低，吃馒头、窝头、粗米饭多、吃副食品少、咸菜、腌菜是主打菜。一碗大米饭一个菜，猪肉炖粉条是好菜，只有口重，才能吃出滋味，主食与副食的比例是 8:2；而现在生活好了，副食品多了，鱼鸭、鸡肉是家常便饭，而主食的食用量在大大减低，倒成了主食与副食的比例是 3:7，在每顿饭吃 70% 的副食情况下，盐的含量累计起来就多了。二是许多人的味蕾部分（舌头尖部）在学生时代就被破坏了，吃饭急，烫坏了味蕾，口中总感觉不到咸味，但等感觉到咸味了，就已经过量了。我在 2002 年出版的《烟台家常菜谱》中谈到烟台人与山西人的寿命问题时讲：烟台的自然条件好，寿命却没有山西人高，山西自然条件差（煤、礁、重金属污染重）寿命却比烟台人高，其原因就是烟台人吃咸、吃盐量过高，山西人吃醋，心血管发病率低，吕梁山区出现了许多百岁老人他们常吃的食物是山药蛋和五谷杂粮的。

现代食品工业把盐中加进了营养成分，例如：加碘盐、加砷盐、多元盐、精细盐、调汤盐等。

盐不可不吃，也不可多吃，保持一个合理的用量是关键。世界发达国家人的用盐量：英国人每天食盐量是 4.8 克；美国人每天食盐量 5.8 克；法国人每天食盐量 5.5 克；而在我国，北京人食盐量是 12.5 克；东南沿海地区食盐量是 16.6 克，远远超过国际水平。成年男人，一天一人吃 5 克 ~6 克，根据不同的工种，不同的年龄，性别可以略减或略加。如重体力劳动者、运动员等运动量大，消耗体力，可以适当加 1 克 ~2 克盐，以补充出汗流失的盐分；轻体力工作，如医生、教师、文员等就可以减少一点。妇女、儿童更应以此为基础减少用盐量，减盐要适当、适量，切不可断盐。

家常菜——红烧肉

健康是幸福，健康是财富，有了健康的身体，才能享受人生的乐趣，干出一番属于自己的事业……

我们现在吃的精盐是生盐，氯化钠中的氯分子等有害成分直接危害心血管，残留在体内形成毒素，直接危害健康，高血压，心脏病、痛风、肩周炎、骨质增生等慢性病、多发病都与吃生盐有关。

我们的专家参照古代道家炼丹术，将生食盐加三年生的青竹、深层的黄泥，用松木炭燃烧烤炼，达到了高能量、排毒垢、恢复肌体细胞、疏通经络、快速清除病灶和病痛，恢复年轻态的水平。

减糖

糖是甜味食品，是人类最喜爱的口味之一，同时也是害人最深的调味品。人类从母乳中品尝到的第一口感就是甜味，这种营养成分叫乳糖，这一口味常常地记在每个人的心底，并伴随人的一生。

糖的化学名称叫碳水化合物，是由碳、氢、氧三种元素组成，是补充人体热量的重要营养素。糖类分布于各类食物中，植物有淀粉糖、葡萄糖、果糖。动物有单糖、双糖、多糖三大类。

单糖

单糖是分子结构最简单并且不能水解的糖类。单糖为结晶物质，一般无色，有甜味和还原性，易溶于水，不经消化过程就可为人体吸收利用。其中以葡萄糖、果糖、半乳糖对人体最为重要。

1. 葡萄糖：葡萄糖广泛分布在植物和动物之中，在植物性食品中含量最丰富，葡萄中含量高达20%，所以称为葡萄糖。在动物的血液、肝脏、肌肉中也含有少量的葡萄糖。葡萄糖是人体血液中不可缺少的成分，也是双糖、多糖的组成部分。

2. 果糖：存在于水果和蜂蜜中，白色晶体，是糖类中最甜的一种。食物中的果糖在人体内转化为肝糖，然后分解为葡萄糖。

3. 半乳糖：在自然中单独存在的较少。乳糖经消化后，一半转变为半乳糖，一半转变为葡萄糖。半乳糖稍具甜味，白色晶体，在人体内可转变成肝糖。它是神经组织的重要成分，琼脂（冻粉）的主要成分就是浓缩半乳糖。半乳糖的醛酸是植物中的果胶和半纤维素的成分之一。软骨蛋白中也含有半乳糖的化合物。

双糖

双糖是由两分子单糖失去一分子水缩合而成的化合物，水解后能生成两分子单糖。双糖多为结晶体而溶于水，不能直接为人体吸收。必须经过酸或酶的水解作用，生成单糖后，才能为人体吸收。与人们日常生活关系密切的有 3 种，即蔗糖、麦芽糖、乳糖。

1. 蔗糖：它是一分子的葡萄糖和一分子果糖化合失去一分子水所组成，白色晶体，易溶于水，加热至 200℃ 时变成黑色焦糖。烹调中的红烧

植物中含葡萄糖、果糖等糖分

类菜肴的酱红色，就是利用这一性质将白糖炒成焦糖着色而成。蔗糖可被酵母发酵，或被酸、酶水解生成一分子葡萄糖和一分子果糖。甘蔗和甜菜中含蔗糖最多，果实中也含有蔗糖。蔗糖味甜。

糖类不都是很甜的，各种糖的甜度也不相同。通常以蔗糖的甜度为 100 作标准，葡萄糖为 74.3，半乳糖为 32.1，果糖为 173.3，麦芽糖为 32.5。

2. 麦芽糖：麦子在发芽时产生的淀粉酶，能将淀粉水解并生成中间产物的麦芽糖。麦芽糖是由两个葡萄糖分子所组成，为针状晶体，易溶于水。唾液、胰液中含有淀粉酶，也能将淀粉水解为麦芽糖。我们在食用含淀粉类的食物（如米、面制品）慢慢咀嚼时感到有甜味，就是唾液淀粉酶将淀粉水解生成麦芽糖的缘故。麦芽糖是饴糖的主要成分，而饴糖是常用的烹饪原料，如烤鸭、烧饼等食品在制作时常用饴糖。饴糖加热时，随温度的升高而产生不同色泽，即由浅黄 - 红黄 - 酱红 - 焦黑。

3. 乳糖：乳糖存在于哺乳动物的乳汁中，是由一分子葡萄糖和一分子半乳糖所组成，为白色晶体，溶于水。人乳中约含 5% ~ 8%，牛乳中约含 4% ~ 5%，羊乳中约含 4.5% ~ 5%。

多糖

多糖是由多个单糖分子去水组合而成的，如淀粉、植物纤维、动物淀粉（肝脏淀粉和肌肉淀粉）等都是多糖。

我们从以上简述中可以看出糖类在食物中分布极广泛，再加上口味甜美，所以被人们所喜爱，糖类产生的热量是维持人体常温的重要营养成分。我国每年进口大量的含糖食物以满足市场的供应。

糖是八大营养素之一，但也是导致慢性病的第一杀手。糖用的适量、适当是营养品，过多、过滥就是慢性毒药，是导致糖尿病、高血脂、高血糖、肥胖症的元凶。西方营养专家证实，导致以上慢性病及血糖增高的原因不是鱼、鸭、蛋、肉，而是"三白食品"（白米、白糖、白面），这三种食物含糖量最高，摄取量大，是导致血糖高、脂肪多的重要原因。

许多人偏食是因为爱吃甜食，小儿厌食也是因甜食吃多了，热量过剩导致厌食。要减糖，首先是改变观念和口味，保持营养平衡、合理搭配。把每天谷物主食的 500 克~800 克，减到 200 克~300 克食用量。

糖瘾，许多人每天都要吃甜味食品，不吃糖就咽不下饭。我在 2009 年 9 月 10 日在河北遵化宾馆路对面一家风味小吃店中见到一名典型"糖瘾"较大的妇女，她 30 多岁，点了四道菜，两道具有甜味的，吃一大碗米饭，还要在白米饭中加白糖。而她的体形确是腰宽体胖、五大三粗。像这样的"糖瘾"，不吃糖就不能吃饭，长年受过量摄入糖分的困扰，对健康影响很大。

关于"糖瘾"这里强调两点：一是改变观念，放弃与改变，吃甜、吃糖的陈旧的不健康观念，就会有新的观念产生。二是要改变口味，许多人不愿吃苦味、辣味、酸味等食物，这是不对的。我们应学会赏百味之美，用百味之长。百味能美容，百味有营养，百味应当健全，这才是正确的饮食理念，走出甜味的误区，就会健康快乐每一天。

甜食——奶油蛋糕

减脂肪

我们日常食用的猪油、羊油、豆油、花生油、芝麻油等都是脂肪。猪油、羊油、牛油等为动物性脂肪，含饱和脂肪酸，豆油、花生油等称为植物性脂肪，含不饱和脂肪酸，脂肪是人们饮食中不可缺少的营养素。此外，还有一种属于脂肪类的物质，称为类脂物，它们的营养价值和脂肪一样，其性质与脂肪也很相似。

脂肪是由脂肪酸和甘油所组成，所含的元素有碳、氢、氧。但是脂肪所含碳、氢的比例比糖类要大，而氧的比例要小，因此脂肪比糖的热量高。当脂肪经酸、碱、酶或热的作用水解后，可分解出一分子的甘油与三分子的脂肪酸，故脂肪亦称甘油三酯，简称甘油酯。甘油对人体没有营养价值，而对人体有用的部分只有脂肪酸，脂肪酸才能被人体作为营养吸收。脂肪酸有若干种，一般分为两类：一类叫饱和脂肪酸，另一类称为不饱和脂肪酸。这两类中，每一类又有若干种，如硬脂、软脂、油脂等。我们所食用的油脂和食品中所含的脂肪是许多种甘油三酯的混合物，因此甘油酯又分为混合甘油酯与单纯甘油酯两类。在这两类的每一类中又分若干种，如三油酸甘油酯、三软脂酸甘油酯、三硬脂酸甘油酯。

油脂的性质与其中所含脂肪酸的种类关系甚大，主要的脂肪酸有下列几种：

低级饱和脂肪酸（挥发性脂肪酸）。低分子量的脂肪酸，分子中碳的原子在十个以下，为挥发性的脂肪酸，如酪酸、乙酸、辛酸等。这些脂肪酸在奶油及椰子油中较多。

高级饱和脂肪酸（固体脂肪酸）。分子中含有十个以上碳原子、在常温下呈固体的为固体脂肪酸，如月桂酸、豆蔻酸等。

不饱和脂肪酸。在分子结构中有一个以上双键脂肪酸为不饱和脂肪酸，通常为液体。

脂肪一般不溶于水，比重也小于水，故能浮在水的表面。含不饱和脂肪酸较多的脂肪，在普通室温下是液体，如各种植物油类；反之，含不饱和脂肪酸较少者，在常温下多呈现固体状态，如猪油、牛油、羊油。这是因为前者熔点低，后者熔点高。脂肪虽不溶于水，但经胆汁、盐的作用，变成微小的粒状，可以和水混合均匀，形成乳白色的混合液。生成乳状液的这一过程，称为乳化作用。脂肪的消化要先经过乳化作用，后被脂肪酶水解才便于吸收利用。脂肪的消化率与熔点有密切的关系。凡熔点低于人的体温（37℃）者，就比较容易为人体所吸收。例如，花生油、芝麻油，熔点都低于37℃，其消化率高达98℃；而羊脂的熔点为50℃，其消化率只为88℃；牛油熔点是45℃，消化率是93℃。

类脂物也是由碳、氢、氧所组成，有的还含有磷、硫等元素，例如，卵磷脂含有碳、氢、氧、氮、磷五种元素。卵磷脂是组成动植物细胞的重要成分。另外，胆固醇也是由碳、氢、氧等元素组成的。这类物质在神经组织和肌肉里的分布极广，在营养上也很重要。

脂肪的生理功用

供给热量。脂肪经过消化，到了小肠就会被分解为甘油和脂肪酸。脂肪酸经吸收后，一部分会再变成脂肪，储藏在体内；另一部分则被吸收入血液，并输送到肝脏及其他细胞内，经氧化产生热能。

每克脂肪能产生9.3千卡的热，比糖类和蛋白质的发热量高得多（约为糖的2倍）。

组成机体细胞。脂肪是构成人体内细胞的一种主要成分，脂肪在细胞中主要以油滴状的微粒存于胞浆中，类脂是细胞膜的基本原料，体内所含的脂肪称为体脂。体脂在生理上是很重要的，因为它不传热，故可防止热量的过分外散。胖人体内脂肪多，冬天较不怕冷而夏天怕热，就是这个道理。脂肪还有保护和固定体内器官以及滑润的作用。

溶解营养素。脂肪是脂溶性维生素 A、D、E、K 及胡萝卜素等的溶剂。上述维生素只有溶解于脂肪才能被人体吸收，而且脂肪中也常含有脂溶性维生素。

调节生理机能。在不饱和脂肪酸中有亚油酸（亚麻油酸）、亚麻酸（亚麻油烯酸）、花生四烯酸（花生油烯酸）三种脂酸，对维持正常机体的生理功能很重要，但人体内不能合成，必须由食物中供给，称为"必需脂肪酸"。动物实验表明，缺乏这些脂肪酸，会产生皮肤病、生育反常等。食物中的胆固醇经吸收后与必需脂肪酸结合，才能在体内进行正常代谢。必需脂肪酸能促进发育，能增强皮肤微血管壁的活力，阻止其脆性增加，对皮肤有保护作用，能增加乳汁分泌，还可防止放射线照射所引起的损伤。必需脂肪酸还有降低血小板的粘附性作用。必需脂肪酸缺乏可引起皮炎。

此外，卵磷脂是构成细胞膜和原生质及神经组织的重要成分，有防止内脏脂肪堆积过多的作用，是人体生长、发育的重要营养素。

一个普通的工作者，每天摄入 20 克 ~ 35 克脂肪（包括食物中所含的脂肪在内），在营养上就不会发生严重问题。重体力劳动者，当然要多吃一点。脂肪不能吃得太多，太多会妨碍肠胃的分泌及活动，引起消化不良。过多的脂肪还会储藏在体内，储藏过多了，就会得肥胖病、高血压病和心脏病等疾病。

脂肪不仅是人体所需的基本营养成分，脂肪酸还能协助蛋白质的转化与吸收，也是卵磷肠脂、胆固醇在体内转化生成的重要原料。但是我们以前的教科书和营养学教材提出的人体每天摄取脂肪的标准是50克，与现在提出的20克相比，后者减少了60%，这个数据听起来很少，（只有半两），但在现实生活中稍不注意就会超标。例如：炒菜需放油，炖肉时放油，一般情况下，我们购进的猪肉、羊肉、牛肉、鸡肉等都带有30%的动物性脂肪，而在烹调中没有减去，这些脂肪的含量又加进了植物油，就会超标。另外中国传统的观念中有油多好炒菜，礼多人不怪之说。许多人认为多用油好吃。殊不知：油乎乎、粘乎乎的食物已经是不健康的食物。油炸食品、油浸鱼、滑溜肉片都是油量过大的菜肴。

我编写的《原生态饮食》（2009年10月中国物资出版社）一书中，就提倡炒菜后放油，炖菜不加油的新理念、新技法，为普及健康饮食提供了具体实施方法。

脂肪的减少还有一点要强调，就是要减少坏脂肪、反式脂肪酸的摄入量。什么是坏脂肪？就是变质了、没有营养价值的脂肪，例如：油脂存放时间过长，有异味的黄油、高温加热后的油、糊焦了的油脂都是坏脂肪。有一种更坏的脂肪是不法分子将饭馆、酒楼中的泔水、下水道排出污水的浮油捞起，提炼出的食用油（俗称地沟油），这种油没有营养价值，对人体更有害，半点都不能食用！好脂肪、坏脂肪都是脂肪，要健康，吃营养选择用量，把住病从口入关，脂肪很关键！

减酒

酒能成事，酒能败事。酒的度数，理化指标测试的含量内容主要是酒精，酒精的化学名称是乙醇。乙醇可以使人兴奋，增加血液循环，刺激人的中枢神经。过量饮酒会造成神经麻痹，陷入醉酒状态，同时，长期饮酒也会增加肝脏、心脏的负担，造成肝的线条粗，酒精肝、肝硬化等。

酒是以液体状态进入人体后再进入循环系统，浸入血液之中，随着血液的循环再进入肝脏、心脏等人体重要器官内，把干净、纯洁的血液变成乙醇含量很高的酒精血，长期饮酒对人体损害很大。

现在国际上流行喝的葡萄酒、果酒、清酒、黄酒、黑糯米酒等都是水果、粮食酿造而成。酒精含量低，含糖也较低，适当饮用有益于健康。西方国家经过试验得出结论，葡萄酒不仅能软化血管，排除体内自由基，而且还有预防艾滋病、心血管疾病的作用。

各式葡萄酒

而烈酒对人体损害较重。减酒，首先要减酒度，减少酒精对身体的危害；减酒的另一个概念就是改变饮酒陋习，文明喝酒，适当喝，文明饮，陶冶情操，健康饮食。而狂饮、不醉不归，不多喝点怕让别人瞧不起，把别人灌醉才解气，划拳、行令，都是饮食的不良习俗，应当加以改进和限制；减酒的第三层含义是要减少饮酒次数，不要把酒当饭吃当水喝，有高兴事、朋友聚会、家人团圆，适当喝酒，喝酒前后一定要饮水。

白酒、红酒都是酒，啤酒、黄酒也是酒。现在禁止酒后开车，对每位司机来讲更要认真对待，做到喝酒不开车，开车不饮酒。

减味

中国菜，百菜百味，味是菜的灵魂。在全世界饮食中，西方人用眼看，凭颜色，选择食物；日本人用鼻子闻，凭气味来确认菜的优劣；而中国人用舌头来品味菜的内涵——味道。

中国人在饮食生活中，对口味的要求很高，能品味菜的质量和味道，这是中华文明的体现，也是炎黄子孙的美食水平的高度概括。口味有基本味，又称单一口味，包括苦、辣、酸、甜、咸、鲜、香；复合味就是将两种以上调味品混合使用而产生出的新口味，例如，香辣味、甜酸味、咸鲜味、麻辣味、五香味、怪味等，这些口味丰富了人们的饮食生活。口味是美味，也是营养，使用得当就会产生健康的美食，造福人类。使用不当就会损害健康。乱用调味品，把调料放得越多越好，实际上就是一种不健康之举。

天然美味——鱼露

我们常用的葱、姜、蒜、大料、桂皮、花椒，五味调料、油、盐、酱、醋都是基本调料，原生态调料。有些厨师为了哗众取宠乱用调料，把口味从五味变成十八香、二十五香。有种鸭脖食品，在全国热卖，我问"发明人"都有什么秘方，他说要300元钱，我就告诉你。他说出的配方有28种调料，调料中还有当归、白芷、草果等中草药，这些调料混在一起炖，其营养价值会有多高？而对身体起到的反面作用的会有多少？我们许多人没有去考虑这一点，而只急于满足口福，忘记了损伤五脏六腑。

现在市场上一些调味品不是天然生长的植物性调料，这些调味品打着国际品牌的名义到处推广，让专业厨师和食品厂使用。这些化工添加剂调味品，含有很多对人体有害的激素和化学成分，摄入过量会对身体造成危害。

日本鲨丁鱼

目前，我国慢性病患者的人数日益增多，据相关报道，冠心病、高血压、糖尿病、痛风（尿酸病）、高血糖、高血脂等疾病的患者已超过 2.6 亿（也有报道说 4.1 亿）人。总之，现在医院人满为患，对国家和社会造成了很大的压力和负担。美国哈佛大学的研究发现，慢性病与长期的不良饮食习惯有直接的关系。特别是滥用食品添加剂、调味剂造成的隐患很严重。

日本人 1908 年发明了味精，并向全世界推广，可是他们在 1978 年也就是大约 60 年以后发现许多慢性病、心血管疾病与吃味精有直接的关系，特别是痛风病是日本人发现并命名的病种，他们发现此病因后，从 80 年代开始就禁止食用味精，但是对外保密，继续向发展中国家推销，出售味精生产设备和技术，以获取更高的利润。日本国民健康状况 2006 年受到了联合国世界卫生组织的表扬。我国人民在 20 世纪 60 年代以前很少吃味精，老百姓也买不起味精。那时候，人们患病只是常见病和传染病，如肺结核（痨气）、霍乱、血吸虫病（大肚子病），这些疾病通过医疗水平的提高基本得到控制和根治。当时没有这么多的慢性病、心血管疾病，医院也没有这么多，医疗开支也没有这么高；而现在生活好了，患病的人群却在不断地增加、扩大。

鲣鱼粉——又称鲣鱼精

辣乎乎、麻酥酥不是美味，更不利于健康。美味以清淡，无异味，适口为宜，才有益健康。

减热量

低碳生活，从饮食上就要减热量。有数据显示，北京市民肉类的年均消费为 60 千克，其中 20% 的人群达到 70 千克，而与消费大量肉类并存的不仅是各种病患的增多，还有温室气体的大量排放。

应从减碳和产业优化入手，制定有利于"低碳"社会的农牧业产业政策。"每吃素一天每人就可减排二氧化碳 41 千克，相当于 180 棵树一天吸收的二氧化碳量。"

现代人不是缺乏营养,而是营养过剩。由此而造成的糖瘾、酒瘾、烟瘾、味精中毒、蛋白质中毒、食盐中毒,并引发高血糖、高血压、高血脂等慢性病困扰着人们。我们在此提倡减热量,减热量具体做法有五个方面,供读者参考和试用:

低油素食

减少饮食的总热量。每周有 2～3 天吃素食,例如,豆类,包括绿豆芽、黄豆、青豆、蚕豆(水发后做菜),海带、紫菜、冬笋、玉兰片、粉丝、粉皮、拌菜、水果、蔬菜、花生米、坚果等食品,不仅低碳还可以清热解毒,防止体内油脂、血脂、血糖增高。

减少冰箱里的库存量。我们家庭的冰箱,主要是储存鲜鱼、鲜肉、鸡肉、鸭肉、罐头类、乳品类食物。如果减少冰箱的存储量,每周六清理一次冰箱，停电 2 ~ 3 天，既能保持冰箱干净卫生，又减少了排热排碳。食品还干净、新鲜。北方的冬天可利用天然冰箱，将食物装箱密封好后放阳台、户外。

降低饮食的温度。热菜、热饭在烹调好后，不要马上就吃，这时的食物又烫又热，吃了有损食道、胃肠。等食物降到 35℃ ~ 40℃ 再吃。食物不要反复加热，如馒头、花卷、火腿等，冷藏或密封保鲜的蔬菜类食物，断生即可食用；凉拌或汤、粥在密封保存 4 小时之内，不要反复加热。反复加热饭菜容易引起酸败或营养损失。

烹调减热量。在烹调中采用微火慢炖食物，特别是动物性质原料的牛肉、羊肉、猪肉、鸡肉、鸭肉、鹅肉等急火猛炒耗热量大，有时食物中的水分、细菌没杀灭，会存在对人体有害的因素。如果用微火炖半小时、40分钟左右就会溶解营养，杀灭有害健康的因素，可制出更美味，更有营养的食物，同时也可减少油炸、烤、烙消耗热量大的做法。在烹调分类中，蒸、煮、炖属于水烹，利用水的传热功能热熟食物，在低碳饮食中应倡导水烹。另有许多低碳妙招，我要专门编写一本《做饭妙招》来详细介绍。

选用节能炊具。古人讲"工欲善其事，必先利其器"也就是说工具、武器是制胜的重要因素。在低碳节能生活中也是如此、我们已进入了电器化时代，许多耗能大，陈旧的炊事用具应淘汰掉，取而代之的是现代节能的炊具和工具，许多先进的炊具看价格是贵了点，但它长年节省的电费、煤气费，能够均衡投资成本，还能实现快捷、时尚、干净、卫生。现代生活就要配备现代电器和炊具。

排毒十分重要。人为什么要排毒呢？人体的毒素来自六个方面：自身产生的毒素。人体的消化道是人体长度的 12 倍，也就是说一位 1.76 米的身高的人，他的消化道全长是 21 米。食物进入人体后，要在这 21 米长的消化道中正常蠕动 24 小时，才能将废弃物排出。

空气中的汽车尾气、家中刷墙、刷门窗的油漆、甲醛、吊白块。这些空气中的有害物质，污染后的毒素通过呼吸系统吸入体内。

食品原料中的农药残留，化肥残留，化学品残留，重金属污染。在烹调前没有清洗处理掉，会吃进体内。

食物中的添加剂、防腐剂，干货加工中用的福尔马林、火碱等有害物质，吃进人体内产生的毒素。

食物搭配不当，烟、酒、糖、茶、调料中的有害物质——毒素。食用油变质、焦糊反应、长时间存放的腐败食物、垃圾食品，带入人体内的毒素。

自制排毒汤

相关知识

不干不净　饮食准病

"养生之道，莫先于饮食"。人类生活虽然离不开食物，但食多食少，食好食坏，可食与不可食，都直接关系到人们的健康。在人们的日常生活中，至今仍旧存在着很多不科学的行为和旧的观念在影响着我们的生活。例如，有些人吃东西和饮水前后、大小便后、接触不洁物品、打扫卫生、接触钱币、户外运动、购物后不爱洗手，数钱时不停地用唾液蘸手以及不科学的烹调方法等，这些不仅直接影响到了我们的身体健康，甚至还有可能危及我们的生命安全。因此，**警惕病从口入，树立科学的饮食习惯，才是根本。"不干不净，吃了生病"才是事实。**

不喝牛奶　身体缺钙

有人宣称，空腹喝奶有害健康，在此理论的误导下许多人不敢喝奶，严重妨碍了人们的身体健康。

牛奶是最容易被人体吸收的有益健康的食品。牛奶中的蛋白质含量仅有3%～5%，水分含量80%。每250克牛奶中含有250毫克以上的钙，有丰富的钾和镁，还含有促进钙吸收的维生素D、乳糖和必需的氨基酸。牛奶与肉不同，并非酸性食品，而是弱碱性食品。所以，牛奶并不会让人的体液偏酸，也就不会造成钙的流失。

有人称空腹喝牛奶会导致腹泻，所以便称空腹喝牛奶对人体不好。果真如此吗？让我们试想一下，在我们还是一个婴儿的时候，无论是在母亲的怀中，还是母亲不在的时候，我们每一次不都是在空腹喝奶吗？特别是婴儿初生三个月之内全是空腹喝奶，而且喝得又白又胖。为什么我们现在的人不能够空腹喝奶呢？喝奶时发生腹泻，是因为我们胃中的"垃圾"太多，污染严重。而喝奶腹泻是在排毒，清除肠胃的垃圾，只要清理到一定程度就会不再腹泻。喝奶也需要毅力，并不是空腹对人体有害，而是我们成人胃中的环境发生了改变，肠胃中聚集了大量的毒素，如果我们能把身体的其他物质都排除干净，那么空腹喝牛奶是完全没有问题的。**牛奶仍是最佳的补钙食品。**

不酸不臭　剩饭照吃

剩菜剩饭存放时间过长，食物中的有效营养成分会被空气的氧气所氧化，失去营养成分并产生微生物，对健康不利。平常人们认为未经清洗的蔬菜直接烹食会对人体有危害，并已引起了高度的重视。可是，吃剩菜剩饭的习惯仍然广泛存在于家庭之中，往往是早上剩的菜中午吃，中午剩的菜晚上吃，晚上剩的次日再吃，形成了一个恶性的循环。

在高温烹调下，蔬菜中的酶已经被灭活了，但是蔬菜冷却后，却会接触空气中的微生物。其中许多微生物都有"硝酸还原酶"，也能够把硝酸盐变成亚硝酸盐。蔬菜经过食用、筷子翻动增加了微生物的"接触面"，而口中的唾液也是含有细菌和酶类的。因此，经过翻动的剩菜比没有经过翻动的菜会更快地产生亚硝酸盐。这样的剩菜剩饭被人食用后，会严重损害人体的消化系统，导致胃酸、胃胀、头晕，严重的还可能导致恶心、腹泻等中毒现象。特别是在炎热的夏季，肉眼看不到的微生物分解侵蚀着食物，往往人们一疏忽大意，为图方便就会吃下腐烂变质的食物，轻则导致腹泻，重则可能会危及生命，有的家庭将已经产生酸味的食品加碱再加热后食用，这样更有害于身体健康。

所以，建议大家对剩菜的存放时间应以不隔餐为宜，最好能在 5 个小时内吃掉它。因为在一般情况下，通过 100℃ 的高温加热，几分钟内是可以杀灭某些细菌、病毒和寄生虫的，但如果食物存放的时间过长，食物中的细菌就会释放出化学性毒素，对这些毒素，加热就无能为力了。

如果菜量大，一餐吃不完，最好在食用前用干净的筷子拨出一部分，晾凉后盖上保鲜膜放在 4℃ 冰箱中。次日取出，加热之后即可食用。

不吃早餐　健康大敌

现代社会，人们都是过着朝五晚九的生活，从头天晚上的 6 点吃饭到次日早晨的 6 点，身体已经有了 12 个小时的消化时间，体内食物的营养早已被身体吸收殆尽。如果我们每天早晨不及时地补充营养，久而久之就会导致生病。

"吃早餐等于吃补药"，这是多位科学家和医学者的共识，根据国外科学研究结果表明：**早餐是一天中最重要的一餐**。并且，美国的科学家还把"每天坚持用早餐"列为延年益寿的八大要素中的第二要素。

人不吃早餐的危害有很多，其中最明显、最直接的就有以下三种：

危害之一：会使人精神不振。

人的精力决定于人体活动所需要的能量产生的多少，人体能量产生主要依靠糖分，其次就是靠脂肪酸氧化，只有当人体血液中有了适量的糖，身体的组织细胞才能获得所需的能量。早饭与晚餐间隔时间都在 10 小时以上，所以一般都会处于空腹状态，此时若不吃早饭则会使人体血糖不断下降，造成思维混乱、反应迟钝、精神不振，而且由于缺少糖类及蛋白质、脂肪，还会产生虚汗，甚至出现低血糖休克。美国科学家把早餐比作是启动大脑的重要开关。

害处之二：导致身体肥胖

不吃早餐和晚餐，等到中餐的时候，因两餐相隔时间过长，所以会使大脑中枢神经不断受到刺激，产生强烈的饥饿感，此时吃下去的食物就最易被吸收，因此也最容易形成皮下脂肪，使人发胖。

害处之三：易患胆结石

按照科学的饮食方法，早餐一般以糖类为主，其营养量需占全天营养量的 1/3 以上，同时为了保持人体酸碱平衡，还应有足够的蛋白质和脂肪。因此，长时间空腹带来的体内酸碱失衡，容易患胆结石。

早餐一定要吃，少睡 20 分钟就能保证吃上可口的早餐。

冰镇冷饮　刺激肠胃

夏季来临，天气一天比一天热了起来，只要走在路上，就会感受到阵阵袭来的热浪。这个时候，你最想做的是什么？回到开着空调的房间里，打开冰箱门，冰镇饮料、冰镇西瓜、冰镇啤酒、冰淇淋……轻轻一口，就能体会到沙漠绿洲的清凉和愉悦。但是这种冰凉的冷饮并不是最佳的消暑良品，如果贪食或食用不当，就会诱发多种疾病。

首先，吃过多冰凉的冷饮，在迅速降低体温的同时也会使阳气受损而发病。中医认为"秋冬养阴，春夏养阳"，夏天是蓄养阳气的季节，人们需要顺应天气，保持阴阳平衡。所以，夏天虽然天气炎热，但也要尽量少吃冰棍等冷饮。

其次，剧烈运动之后或者刚刚从酷热的户外回到家里，不要立即吃冷饮，否则会引起胃肠道的痉挛，导致腹痛及中暑，最好稍稍休息后再吃。

另外，西瓜、饮料等产品尽量不要放在冰箱里冰镇。自然温度的水果和饮料比较容易适应人体肠胃，而过于冰凉的食品则会严重刺激肠胃，过多地吃冷饮会冲淡胃液，扰乱消化功能，导致胃肠功能紊乱，使人不思饮食，营养物质摄入减少，不能满足身体的需要，时间久了则必然会体质虚弱，容易生病。

两饥一饱　狂饮暴食

近代医学研究领域的专家发现了一个奇怪的现象：在 15 岁以前和 50 岁以后，胃溃疡和十二指肠溃疡的发病率男女差别不大。而在 15~50 岁之间，男女发病率之比为 6.2:1。

男人的胃不如女人的胃强健吗？显然不是。

男人喜欢喝酒、抽烟、饮咖啡，不按时吃饭，喜欢在餐桌上狼吞虎咽，经常暴饮暴食，殊不知他们的胃却正在遭受苦难，直等到他们捂着肚子，淌着虚汗到医院检查后才大吃一惊：胃病已经不轻了！

饮食要定时定量，细嚼慢咽，使胃有规律地工作和休息；要戒除不良嗜好，以免吸烟、酗酒、贪食辛辣食物等行为，导致胃黏膜的化学性破坏；要注意胃部保暖，以免胃部受寒后胃平滑肌发生痉挛性收缩，使胃的分泌功能和节律蠕动都发生紊乱，导致胃部疾患；要保持轻松愉快的心情。美国科学家研究表明：人在心情不好的时候会分泌有害激素，心理恐慌则会加剧有毒激素分泌，许多癌症患者就是被自己"吓"死的。

食不过饱，过饱则伤脾胃。《黄帝内经》曰："饮食自倍，肠胃乃伤。"每日三餐，不吃零食；粗细都吃，荤素相兼，没有严格要求；饭后要喝汤，不吸烟、少喝酒，水果、糖豆一般不吃，更不吃山禽野味、生猛海鲜。半斤牛奶，一把豆，三两青菜，二两肉，是著名营养学家于若木的养生之道。一般情况下，一顿饭所用的时间在 20 ~ 30 分钟为宜。

怕挨饥饿　饭菜多做

烹调无计划，心中没有数，投料没有谱，总怕不够吃，又为图省事，多做多吃几次，多吃些，这种饮食陋习对健康极为不利。

其一，多做剩饭就多，超过 4 小时后，空气中的氧气与食物中的营养成分，相溶产生出新的微生物，这就是细菌，有的变酸、变臭，有的则表面无变化、物质内部已起了变化，腐败变质这类食品对健康极为不利。

其二，多做后多吃，使胃肠处于饱和充血状态，造成对消化器官的损害。

因此，量体裁衣，看客下菜，按人投料不是一句空话，在此更有实际意义。

对美国人体形的印象，无论是从电视上还是在我们身边，你都可能注意到了他们大多都体态肥硕、憨态可掬。《美国医学会杂志》最新发表的一份研究报告显示：从 20 世纪 70 年代后期到 90 年代中期，在美国无论是餐饮行业提供的食品，还是家中自制的食品，每份的分量都在不断地增加，每份平均增大了大约 60%。国际上的医学家认为，这正是导致美国肥胖人口增多的一大因素。

从事这项研究的科学家萨马拉·尼尔森说："很多人都觉得这些年来，一份食物变得越来越大了，但直到现在还没有实证数据。此项研究的重要性在于，它不仅证明了这一趋势，而且明确指出肥胖对美国人和全世界人的健康造成了越来越大的威胁。"

另一名研究人员巴里·波普金也说，如果再将这几十年人们运动量普遍减少考虑在内，食物"长大"造成心脏病、中风、糖尿病和其他病症的风险就更大了。

对在 1977 年、1989 年和 1996 年接受有关食品摄入调查的共 6.3 万（2 岁以上）的美国人的数据分析显示：20 多年来，不含酒精的饮料每份平均增大了 50%，达到了 565 毫升，热量增加了 49 卡；炸薯条平均每份为 102 克，增大了 16%，热量增加为 68 卡；含盐小食品增大了 60%，达到了 45 克，热量增加了 93 卡。

食物变大到底在多大程度上造成了肥胖现象还没有定论。不过，研究者认为，因果关系一定存在。1977 年，只有 1/7 的美国人属于肥胖，而现在这一比例却达到了 1/5 到 1/3 之间。如果在不增加运动量的情况下，吃完一份大号食品，显然会使身体聚集更多的热量，而每天如果多摄入 10 千卡热量，那么就等于每年增加了 0.45 千克体重。

"每人日常食物就有 49 卡到 133 卡的热量增大幅度，其潜在的影响力显而易见。"在报告会上，波普金说道，"显然，美国人吃得太多了！"

饮食革命，要借鉴国外的反面教材，提升我们科学饮食的内涵，美国人肥胖的老路中国人不能重复，要告别饮食陋习，还以健康、保健的本色。

塑板剁肉　毒素胃肠

我国传统饮食使用的案板、剁墩，北方是杨柳木，即杨树、柳树的木材，南方则多用桂花木、水曲柳，更高档的用红木、铁木、黄花梨木。这类木材没有异味，质地坚硬、树木本身对人体无害。就杨树与柳树来说，剁菜剁肉时剁碎的木质渣，残留在食物中，人吃了也无害。不会妨碍健康，也不会残留下病菌。

现在塑料制品泛滥成灾，各种塑料用品充斥着家庭生活的每个角落，餐具、炊具中的塑料案板，塑料剁墩也常见，许多人使用塑料案板和塑料剁墩，剁肉、剁菜。锋锐的菜刀在剁碎肉蔬的同时也将塑板剁出残渣，残留下的塑料碎渣就会残留在食物中，吃到人体内后，这些化工产品的毒素会直接伤害人体的健康。

塑料制品原料是石油化工树脂产品，是经过炼油后产生的废物，再从废物中提取聚苯烯、聚乙烯、聚丙烯、聚氯乙烯等化学原料。这些化学原料就是伤害人类毒素，是致癌物，对人的血液、心脏以及五脏六腑都会产生毒害。特别是对肠胃更是直接的危害。

回归自然还是用木墩，木板切菜、剁肉，以确保健康饮食。

反复用油　脂肪变臭

我们每天的饮食离不开脂肪，动物性脂肪含有饱和脂肪酸，植物性脂肪含有不饱和脂肪酸，这些脂肪进入人体后增加了人体的能量，是重要的营养素，俗称食用油。

正常的人一天用25毫升~40毫升食用油。食用油超标就会产生血脂高，脂类代谢紊乱。没有变质的好油是好脂肪，如果反复加热，油炸食物，就会发现油在变黑、变稠，这时的脂肪已经变质，医学上称为反式脂肪酸，就是臭脂肪。这类脂肪进入人体后会增加心脏负担，危害肝脏，造成心血管疾病，这就是坏脂肪所产生的副作用。另外久存放的食用油也会产生黄曲霉菌，俗称"哈喇味"。

因此，吃好油，吃新鲜的油，吃没过保质期的油，吃正规厂家生产的油，才是明智之举。

对已经患上高血脂或为防止三高病的发生人群建议坚持以下饮食原则：

1. 多吃蔬菜、水果和其他含膳食纤维多的食物。如芹菜、茄子、大蒜、葱、海带、香菇、苹果、山楂、糙米、燕麦等食品，可以促进胆固醇的排泄，降低血脂稀释血液。

2. 多食豆类食物。豆类食品可以使低密度脂蛋白明显降低，减少动脉堵塞和硬化的危险。

3. 减少脂肪、胆固醇含量高的食物的摄入量。有的动物性食物含胆固醇较高，特别是油炸食品，如汉堡、炸鸡块、炸鱼排和油炸薯条，这些食品脂肪含量高，可以引起血液中胆固醇的升高。动物肝脏、蟹黄、鱼子等胆固醇含量也很高，应该少吃。

4. 忌烟、限酒。吸烟会使血液中含氧量降低，血管痉挛和收缩，易引起高血脂。长期大量饮酒，会使血液中低密度脂蛋白的浓度增多，而引起高血脂。

5. 高血脂病人还不宜饮咖啡。大量的咖啡因可使血中的胆固醇含量增高，使心脏病发作的危险性增加，咖啡加红酒危害更大。

胡乱调味　不懂步骤

中国菜最大的特点是百菜百味，味道鲜美，适口者珍。而现在许多烹饪人员不懂调味技术，不讲调味步骤，胡乱调味。有的还到电视台上讲授，造成很大的错误导向。电视节目的受众范围广，一旦上了电视台播出后，几亿人在看，在学习、模仿，那造成的影响就大了。这些错误的做法，会危害很多人，为此我也曾向广电部，电视台领导写过书面材料，强调美食节目应加强质量管理，做好审查工作，杜绝错误的烹调技法传播。

我们就调味这一技术来讲，调味的目的是除掉异味，增加美味，丰富口味。调味的步骤是先除掉异味，再增加美味，最后确定口味。

例如：在调肉馅时，第一步先用料酒去掉异味，再加葱、姜、鱼味精、骨味素、糖，增加美味，最后再确定口味，放盐。

如果是先放盐，原料中的异味没有挥发出来，盐的收紧渗透力强，能快速将蛋白质收紧，将异味包在了原料中，再加其他调料都是白搭。同时先加盐把肉的细胞，纤维密封，水汁进不去，体质变小，口感发柴，失去了风味特点。

调味必须按程序操作，我为此一共写过五本关于调味的图书《调味宝典》《调味与拌馅》《用味如神》《百味调味香》《厨师培训教材——调味篇》，其中《调味与拌馅》有两家出版社出版发行。这类技术很丰富，既有益健康又丰富美味。我正在编写的《五味饮食》《调味与养生》正是为传播此技术。

常见四毒素　切勿从口入

蔬菜，是人们日常生活中不可缺少的食物，它为我们带来了营养和健康。但是，有些蔬菜在某种状况下会成为有毒物质，有损我们健康甚至生命。

1. 毒蕈

毒蕈又称野生毒蘑菇，是指食后可引起中毒的蕈类。毒蕈在我国有100多种，对人生命有威胁的有20多种。

毒蕈中的毒素种类繁多，成分复杂，中毒症状与毒物成分有关，主要的毒素有胃肠毒素、神经精神毒素、血液毒素、原浆毒素、肝肾毒素。由于毒蕈的种类颇多，一种蘑菇可能含有多种毒素，一种毒素可能存在于多种蘑菇中，故误食毒蘑菇的症状表现复杂，常常是某一系统的症状为主，兼有其他症状。

由于蘑菇种类繁多，有毒与无毒蘑菇不易鉴别，再加上人们普遍缺乏识别有毒与无毒蘑菇的经验，而误将毒蘑菇当作无毒蘑菇食用。所以，自己不认识的蘑菇最好不要食用，更不要自采蘑菇。

2. 发芽的绿土豆

土豆可做菜，也可直接作为食物，制作出各式面点食用。但是，发芽和变绿的土豆都含有大量的龙葵素，含量是未发芽时的 50～60 倍，并且通过一般性的加热难以破坏。若不慎被人误食，就会引起中毒，它能强烈地刺激胃粘膜，溶解、胆固醇和红血球，轻者会出现口干、恶心、呕吐、腹泻，重者会导致至发热、呼吸困难、抽搐等。所以，土豆一旦发芽，不提倡大家食用。若感觉丢掉实在可惜，在食用前应彻底地挖去芽和芽眼周围的肉，并在水中浸泡半小时以上，在烹调时一定要彻底加热，还要加入食醋对龙葵素进行分解。

3. 扁豆

扁豆含有皂素、植物血凝素。没煮熟的扁豆，或外表是青色的菜豆，食用后会引起中毒，导致头痛、呕吐，严重者甚至会使人死亡。前两年，在某地区的一所小学内，由于小学生食用了没有彻底煮熟的炒扁豆，竟然导致了 300 名小学生中毒的事件。所以，在烹制扁豆时一定要充分煮熟，其标准就是以失去原有的生绿色为好。

4. 苦杏仁

苦杏仁含有苦杏仁甙，在食用前一定要进行充分的加热、浸泡才能去除。

螺小危害大　京城起风波

田螺有很多别称，如田中螺、黄螺、池螺、响螺、香螺、蜗牛、田赢等都属于田螺。在我国的南方，野生田螺多生长在河流或稻田中，但是有人常在河流中刷马桶、洗衣、洗菜，稻田里则浇人类粪便，因此污染较为严重，在食用此类原料制作的菜品时需要特别注意。它可是传染血吸虫病、痢疾病的重要媒介。

前不久，北京就发生了一场因食螺肉而感染广州管圆线虫病的风波。虽然在这次事件中，该饭店负责人表示他们的螺肉是经过有关标准检验的，他们的新菜品也是参考了一份专业的烹饪杂志，采取了让田螺在沸水中断生的做法，做出了这道新菜品。但是，由于广州管圆线虫不是该螺肉的常规检测项目，再加上断生无法充分杀死螺体内的寄生虫，所以由于多方面的因素最终还是导致了这次中毒感染事件。为了挽回这一事件的损失，事后该饭店负责人向人们一再承诺对所有的消费者和患者负责到底，不惜倾家荡产也要接受处罚和赔偿，这才让人们从心底里感到了一丝安慰。

广州管圆线虫是一种有传染性的寄生虫，因为首例患者在广州发现，所以医学界将其定名为"广州管圆线虫"。它主要通过食物传染给人类，并寄生于人体内吸食人体的营养，而且在人体内大量繁殖，危害人的生命。据有关部门调查，淡水鱼虾蟹贝体内含有大量的管圆线幼虫，如果加工处理不当，人食用后就会导致疾病的发生，危害生命。所以，人们最好不要生吃海鲜类、水产类产品，如生食鱼虾、刺身等，都有可能感染疾病。正确的做法是将鱼虾等水产品充分加热，使食品熟透之后再食用，以确保安全。

"病从口入"不是凭空捏造的空洞词语，希望经过这次风波能提醒人们不要再生食鱼虾，以还人们一个健康的身体。

河豚江海鱼　生死两相依

河豚又有赤鲑、鲑鱼、侯鲐、气泡鱼等多种异称，属于回游性鱼类，也就是它在江河的淡水中产卵、孵化，在幼鱼时再游回到大海里生长。河豚肉质细嫩、味美，但在鱼头、血、内脏、鱼皮中含有强烈的毒素，素有

"冒死吃河豚"说法。

河豚毒素是一种神经毒，一般性加热、盐腌或日晒根本无法破坏。并且，在河豚死后内脏毒素还可渗入肌肉，使本来无毒的肌肉也含有了毒素。其产卵期卵巢的毒性最强。人食后会引起四肢无力、发冷、口唇和神经麻痹等症状。严重者会出现呼吸困难、血压下降、昏迷，最后死于呼吸衰竭。目前，对此尚未发现特效解毒制剂。

所以，吃河豚一定要谨慎，必须经过严格的鉴定和处理，方可食用。

毛蚶蛏子美　肝病相伴随

毛蚶又称毛蛤、麻蛤、麻蚶、毛蛤蜊、红螺，主要产在河入海口，长江、黄浦江等江河入海口。入海口、河滩的淤泥中因为河流污染，以及沉淀物中所含的污染源，对其污染较严重。在没有严格处理或特殊加工情况下，食用很危险，容易引起乙肝、甲肝、痢疾等疾病。生长在鸭绿江、北戴河入海口的蛏子，同毛蚶一样都受到了不同程度的污染，所以不可盲目食用，在认不准的情况下更要谨慎。

横行大螃蟹　美味藏杀机

螃蟹不仅味美，还富含维生素、蛋白质、核黄素，以及钙、磷、铁等。在古时，便已有了食用螃蟹的记载。并且，在民间还有采用螃蟹医病的传统，据说可以活血化瘀、消肿止痛、强筋健骨，因此大受老饕们追捧。

但是，由于现在水污染严重，螃蟹体内含有大量的有害菌，对人体有害而无利。食用后会导致人腹痛腹泻、恶心呕吐等情况。这可能在你饱食之后数小时内发生，那时你也只有哭的份儿了。所以，吃螃蟹一定要认识到以下三大方面：

死蟹不丢，必受其乱。死蟹由于蛋白质分解，肉体腐败变质加快，细菌繁殖迅速，吃后会引起过敏性食物中毒，严重的有生命危险。此外，海蟹在寒冷的环境中，由于不便于活动，体内也会产生毒素，所以就有了被露水打过的海蟹不可吃的说法。

污染严重，切勿贪鲜。河蟹生长在江河湖泽的淤泥里，它好食动物尸体或腐物，可想而知它的体表、鳃及胃肠道中有多少污泥、病菌和寄生虫了。所以说，吃蟹不仅要蒸煮，而且一定要烹熟。

吃法讲究，切记遵守。螃蟹并不是全身都可以吃的，比如蟹鳃，就是掀开盖后整齐排列在蟹体两侧的眉毛状的东西，也有人俗称是蟹的牙。它是蟹的呼吸器官，其上有病菌和脏物，是不能吃的。还有蟹胃，它位于蟹体前半部，是在背壳前缘中央似三角形的骨质小包，内有大量污泥和病菌。其次就是蟹肠和蟹心，蟹肠是从蟹胃通到蟹脐的一条黑线，里面也有污泥，而蟹心则位于蟹黄中间，紧连着蟹胃，其涩而无味，应细心地除去。

好吃又好看　柿子埋隐患

柿子又称柿、木柿、朱果、红柿、猴枣、凌霜侯、赤实果、丹果、喝蜜儿、月柿、扁柿等。柿子为中国原产，食用、栽培历史均很悠久。

中医认为凡脾胃虚寒、痰湿内盛、外感咳嗽、脾虚泄泻、疟疾等症，均不宜食用柿子。并且，空腹不宜食用，最好在饭后吃，否则易引致柿石症。很久以前，在民间便有柿、蟹同吃可致死的说法，只是一直没有出现在现代科学报告中。经成分化验，柿子中含有鞣酸，而蟹肉则富含蛋白质，食用后二者结合，可使蛋白质凝固而不易消化，引起消化道疾患。

同时，喝酒吃柿子也易患胆结石，应引起注意。据报道，陕西省就有人因为空腹吃柿子9斤而死亡的记录。

多铅松花蛋　血液遭污染

松花蛋含有大量的铅，经常食用会引起铅中毒。

在制作松花蛋的过程，一般都会加入一种叫做红丹的物质，其化学名就是氧化铅。加入氧化铅之后，松花蛋内才会形成各种不同色彩的花纹，极似松树针叶，故称松花蛋。因此，少食为好。

松花蛋是美味，但是食用数量过多就会影响肾负担过重，粘膜系统，严重者还会直接导致高血压、鼻咽癌的发生。

如何保存松花蛋？

平时有的家庭常把没有吃完的松花蛋放到冰箱里保存，甚至冷冻起来，以为这样可以长期储存而防止变质。这样的做法是错误的，松花蛋是由碱性物质浸泡而成，蛋的内溶物凝成胶状体，其含水量在70%左右，经过冷冻之后，水分便会逐渐结冰，等拿出来再吃时，冰逐渐融化，其胶状体就会变成蜂窝状，改变了松花蛋的原有风味，降低了食用价值。而且，低温会使松花蛋色泽变黄，口感变硬，与正常松花蛋相比差异极大。

正确的贮存方法是，把松花蛋放入一个干净的塑料袋，然后进行密封，搁置通风阴凉处即可。

第二章

警惕温柔陷阱，美味中也藏着危害

食品中的危害

饮食是关系每个人人身健康的大事。现实生活中,我们存在着许多饮食陋习,直接危害着人们的身体健康。同时,环境的污染、农药的残留、细菌的传播也给饮食生活带来了危害,威胁着人们的身体健康,因此食品中的危害也不可轻视。

众所周知,食品是人类生命活动的物质基础。作为食品,必须具备以下三个基本条件:第一,具有本身应有的营养价值;第二,在正常食用条件下,应无毒无害,不会对人体发生任何有害的影响;第三,应具有相应的色、香、味等感官性状,符合人们长期对食品所形成的概念。

食品可以给予人们所需要的热能和各种营养素,维持机体正常的生长发育、生理功能、生活活动以及生产劳动的需要。但不可避免的是,食品在种植、养殖、加工、贮藏、运输、销售、烹调直到食用前的各个环节中,由于各种原因可能使某些有害物进入食品中,例如,滥用农药造成蔬菜中残留剧毒;使用非食用的食品添加剂使食品受有毒有害物质的污染;烹调不当使食品中残留致病性微生物等。

国际食品法典委员会将"危害"定义为"会对食品产生潜在的健康危害的生物、化学或物理因素或状态"。因此,食品中的危害可分为生物性危害、化学性危害和物理性危害。

1. 生物性危害

常见的生物性危害包括细菌、病毒、寄生虫以及霉菌。

（1）细菌

细菌个体很小，肉眼直接看不见，需用显微镜放大数百倍才能看见。按其形态，可将细菌分为球菌、杆菌和螺旋菌；按是否具有致病性，可将细菌分为致病菌、条件致病菌和非致病菌。

食品中细菌的来源，主要有烹饪原料在采集、加工前已被细菌污染；产、储、运、销过程中是食品中细菌的一个最主要的污染来源，由于不卫生的操作和管理而使食品被环境、设备、工具中的细菌所污染；从业人员不认真执行卫生操作规程，通过手、上呼吸道等也会使食品受到细菌的污染。

（2）病毒的危害

病毒非常微小，不仅肉眼看不见，即使在光学显微镜下也看不见，需要用电子显微镜才能察觉到。病毒对食品的污染不像细菌那么普遍，但一旦发生污染，后果将非常严重。例如，甲型肝炎病毒主要通过消化道传播，据估计 10 个～100 个病毒颗粒的剂量就可造成疾病，如果食品或水受到甲肝病毒污染，被人食用或饮用后即可造成感染。常见的污染食品为冷菜、水果（含果汁）、乳制品、蔬菜、贝类和冷饮，其中水、沙拉和贝类是最常见的污染源。1988 年上海及沿海部分地区的 30 余万人的甲肝大爆发，就是因为食用受到甲肝病毒所污染的毛蚶所导致。

（3）寄生虫的泛滥

在生物圈中，如果两种生物生活在一起，一方得利，而另一方受害，两种生物间就构成了寄生关系。在寄生关系中，得利的一方为寄生虫，受害的一方为宿主。寄生虫的生活多种多样，有的需要两个宿主，即中间宿主和终末宿主。中间宿主为寄生虫幼虫的宿主，终末宿主为寄生虫成虫的宿主。寄生虫的中间宿主具有重要的食品卫生意义。畜禽、水产是许多寄生虫的中间宿主，人食用了含有寄生虫的畜禽和水产品后，体内就会出现寄生虫？例如吸虫的中间宿主是淡水鱼、龙虾等节肢动物，生吃淡水鱼、龙虾等节肢动物或加工烹调不当，就会使食用者体内出现吸虫。

（4）霉菌污染

霉菌可以引起食品的腐败变质，有的霉菌还可产生霉菌毒素，造成严重的食品安全问题。例如黄曲霉所产生的黄曲霉毒素可以引起肝损伤，并具有很强的致癌作用。

2. 化学性危害

常见的化学性危害有重金属、天然毒素、农用化学药物、洗涤剂等。

（1）重金属的危害

主要是指造成食品安全危害的金属元素，如汞、镉、铅、砷等。

食品中的重金属主要有三个来源：自然环境中重金属的含量比较高，使得种植或养殖的动植物中的重金属含量高于一般水平；农用化学物质的使用，工业三废的污染；食品加工过程中使用不符合卫生要求的机械、管道、容器、工具以及食品添加剂，上述物品中含有的重金属溶出或带入到食品中。

（2）食物原料中的天然毒素

许多食品含有天然毒素，例如发芽的马铃薯（土豆）中含有大量的龙葵素，霉变甘蔗中含有 3 – 硝基丙酸。天然毒素有的是食品本身所带有的，有的是细菌或霉菌在食品中繁殖时所产生的。

（3）农用化学药物的残留

在植物生长过程中，所使用的杀虫剂、锄草剂、促生长素等，都可以对食品造成危害。因此，世界各国对于农用化学药物的品种、使用范围以及使用残留量均进行了严格规定。例如，欧盟规定出口到欧洲的蜂蜜中氯霉素的残留不得超过 0.1PPb。

（4）洗涤剂的危害

使用非食品用的洗涤剂，可造成对食品及工用具的污染，例如个别餐馆使用洗衣粉清洗餐饮具、蔬菜或水果，造成洗衣粉中的有毒有害物质对食品及餐饮具的污染。

不按科学方法使用洗涤剂，可造成洗涤剂在食品及工用具上的残留，例如用洗涤液和消毒液对餐饮具、工用具进行洗刷消毒时，配制浓度过高或未能冲洗干净，可造成洗涤液在餐饮具、工用具上的残留。

3. 物理性危害

物理性危害与化学性危害和生物性危害相此，其特点是消费者往往可以看得见，也是消费者经常表示不满和投诉的缘由。物理性危害包括碎骨头、碎石头、铁屑、木屑、碎玻璃以及其他可见的异物。

4. 常见的有害食品原料

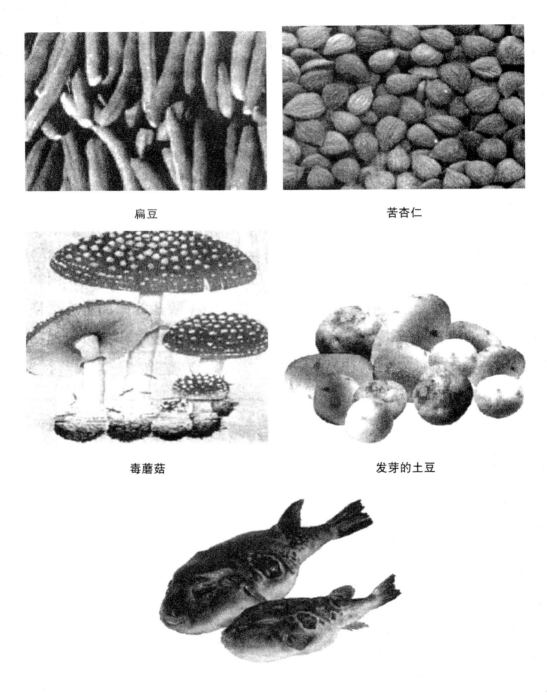

扁豆　　　　　　　　　　苦杏仁

毒蘑菇　　　　　　　　　发芽的土豆

河豚

慢性病与饮食

美国哈佛大学营养食品系的专家利用了 10 年的时间，花费了 2 亿美元（国家拨款的科研课题），研究出人类慢性病的成因，患病时间和食物结构等原因，总结出了以下三点：

1. 慢性病是因为长期的不良的饮食生活习惯而造成的，潜伏期在 10~20 年，多则 30 年。不良的饮食生活习惯会侵害人的肌体和内脏，从而逐渐损害身体，并在 10 年以后发病。

2. 引起慢性病的主要原因不是大鱼大肉，也不是肥肉，而是"三白食品"（白面、白米、白糖），这些食品含糖量高、热量大，长期食用对人体会造成严重的危害。

3. 提出新的饮食观念，倡导"低碳水化合物、低热量、低盐"全面营养的饮食指导。

在我们现实的生活中，比较突出的慢性病，如高血压、糖尿病、高血脂、冠心病、心脏病都与食盐过量而有关。据统计，北京人每天的食盐量在 13.6 克，东南沿海地区的居民每天的食盐量在 15 克~16 克之间，最高达 18 克。大量的食盐进入人体的循环系统后，食盐中的钠离子被人体过量吸收，会破坏人体细胞的钠钾平衡，是造成心脏病、高血压和肾病等的重要原因。所以，世界卫生组织推荐每天每人的食盐摄入量是 6 克。

为什么人们的口味那么重呢？研究发现，许多人的舌尖味蕾部分被热水、热饭给烫坏了（有的是青年学生时期已经遭到破坏）而在舌尖最敏感的部分尝不到盐的咸味，而到了舌中或舌根部分，咸味就已经很重了，他们才能感觉到，因此越吃越咸。味精的鲜味也是要多了以后，才能感觉到。食盐加味精满足了部分人的口感，这些人多数是美食家，会吃、会品味，所以他们对味觉要求很高，而在不经意之中摄入食盐和味精中，过多的钠离子却损害了自己的身体，留下了慢性病的隐患。

我们最近推广的海鲜鱼精调味料（低盐调味品）骨味素就解决了口重与口感的矛盾。鱼精中鲜美的口味，进入口腔后直接达到舌中和舌根，满足了人们的味感和对鲜味的追求，起到了健康饮食的作用。鱼精是健康美味的调味品，是新一代营养型鲜味调味料。如果说要进行一次调味革命，就要推广使用营养型鲜味调味料，让更多的人享受健康饮食而带来的美味与健康。

什么是鱼精？鱼精有什么作用？为此，浙江省高新技术企业宁波超星海洋生物制品有限公司叶再府董事长做了如下的介绍：

海鲜鱼精调味料和海鲜鱼露是国内营养型鲜味调味料的领跑产品，是浙江省高新技术企业宁波超星海洋生物制品有限公司和华南理工大学等率先研制成功的。海鲜鱼精调味料和海鲜鱼露以中国六大渔港——宁波石浦港的新鲜海鲜为原料，经过去头、尾、内脏的清洗处理，再经过现代生物工程技术提取、多重介质过滤脱腥、脱杂质和浓缩等工序精制而成。

海鲜鱼精调味料特点和用途：

（1）海鲜鱼精调味料是一种以纯天然海鲜提取物为主要原料，外观、使用方法、使用范围与骨味素相似的新一代营养型鲜味调味料。可用于各类中、西荤素菜肴、火锅、煲汤及点心作鲜味调味料，且在制作海鲜、炖汤、火锅、高温煎炒和油炸方面更具特点。因为纯天然海鲜提取的多种呈味氨基酸能赋予味蕾细胞更丰富的滋味和鲜味，并能经受高温、长时间蒸煮或高温煎炒油炸而不被破坏。

（2）纯天然海鲜提取物中含有多种呈味氨基酸，如 L－天门冬氨酸、L－甘氨酸、L－丙氨酸、L－谷氨酸和多种呈味核苷酸，它们构成了海鲜鱼精调味料丰富的滋味和鲜味。

（3）纯天然海鲜提取物中的小分子肽能促使味蕾细胞表面对呈味氨基酸和呈味核苷酸的接触和阈值反应，增加了味觉反应和停留时间，使美味回味绵长；并能保护呈味氨基酸在高温下不被破坏。

（4）纯天然海鲜提取物中含有 18 种氨基酸和鱼胶原蛋白肽，不仅赋予菜肴醇厚的滋味和鲜味，还能提升菜肴的营养价值。食用后能使人体氨基酸吸收平衡，不会产生因人体短时间过量吸收单一氨基酸而出现的口干等现象。

（5）海鲜鱼精调味料已经完全脱除了海鲜的腥味，产品浓度高，用量可节省 20％左右，使用与鸡精同样方便。

健康调味品——鱼精

调味品的危害

中国是美食大国，饮食文化是中国传统文化的组成部分，我国劳动人民在长期的生活实践中积累了丰富的饮食经验和技术，调味便是其中的一种。在4000多年前的夏商时代就懂得调味、调汤，到距今2000多年的秦朝，吕不韦所著的《吕氏春秋·本味篇》中就更明确地归纳了前人的经验和实践提出"水生者腥、食草者膻、食肉者臊"的概述，以及九鼎"九沸九变"的调味理论。在传统的鲁菜中人们都知道用猪骨、鸡、鸭、牛肉煮汤后，调出鲜味，称高汤、清汤、奶汤。中国字中的"鲜"字也是在4300年之前由彭祖发明的以"羊方藏鱼"为代表菜，而将鱼羊为鲜升华到理论的。

味精的出现改变了人们的饮食新观念，使调鲜变得更为便捷。味精由日本人在20世纪初发明，20世纪30年代引入中国，在东三省地区，味素、味精已经常用于高档菜馆、酒楼以及达官贵族之家的餐桌。味精与火柴（洋火）、煤油（洋油）一样实用性强、诱惑力大，很快被国人所接受，到20世纪50年代我国开始引进味精技术，20世纪60年代味精已在国内广泛使用。其实，味精只能满足人们的口感鲜味、味觉，而没有什么营养价值。并且，味精中含有很多钠离子，按照现代医学理论，过多的钠离子进入人体后会破坏细胞的钠钾平衡，是导致发生高血压、心脏病、肾病等慢性病的重要原因。使人们在品尝美味的同时，不经意之中摄入食盐和味精中的钠离子却损害了自己的身体，留下了慢性病的隐患。另外，使用味精还要避开高温，因为味精在高温下会失去结晶水成为焦谷氨酸钠。

焦谷氨酸钠是没有鲜味的，对人体也没有什么好处。所以，近年来在欧美和日本等国禁止食用味精。随着社会经济的发展、人们生活水平的提高，营养型鲜味调味料将成为调味品市场的主流产品。

最近，由浙江省高新技术企业宁波超星海洋生物制品有限公司生产的海鲜鱼精调味料和海鲜鱼露就是国内营养型鲜味调味料的领跑产品，它解决了国内鲜味调味料品种少、美味与健康矛盾这一难题，把调味与营养相结合，利用天然新鲜海鲜为原料，提炼出海鲜的鲜美精华用于饮食，产品中含有丰富的蛋白质、小分子肽、氨基酸，经过长期间高温不会变质和挥发，而会与烹饪的食品原料相溶解，产生营养美味。美味是健康调味的前提，是厨师制胜的法宝。是味精、鸡精的替代品。而且使用方便，调味快捷，鲜味醇厚，更是健康饮食的首选调料。鱼精没有腥味和异味，只有鲜美和营养！

海晔鱼精调味料以新鲜深海鱼、呈味氨基酸、呈味核苷酸等为原料。采用国际先进的现代化生物酶解工程技术和先进设备精制而成。富含鱼胶原蛋白肽、DHA、EPA 及多种微量元素等，具有原生态海鱼丰富的营养和鲜味，适用于烹调各式中西荤素菜肴、火锅、点心、煲汤及煮面等。

鲣鱼精调味料以新鲜鲣鱼、呈味氨基酸、呈味核苷酸等为原料。采用国际先进的现代化生物酶解工程技术及先进设备等精制而成。产品海鲜味醇和，味感持久，调味均和。适用于烧烤、炖菜、味噌汤，火锅和工业化食品调味等。营养型鲜味调味料将会给调味技术带来一次调味革命，抛弃旧的调味品，采用新的有营养、保健康的海鲜调料。同时对口重、易患高血压的人群也是一次口味的改变和健康的新选择。愿更多的人通过科学饮食获得健康幸福的新生活。

发面的误区

在北方，大多数人做面食时都要"发面"，其做法多是在头天晚上睡觉前将面发酵，等到第二天早晨做早饭时，再用面制作食品。我们回头算算，其实这时的面已经发酵到了 7 ~ 8 个小时，严重地超过了发酵时间，使面已经变酸、变臭。这时，有的人为了防止做出的食品酸臭味过大，再用碱来去酸，无形中人为的加大了食碱量，而且面的营养成分也会遭到严重破坏，对健康十分不利。

正确的方法，应该是提前 1.5 ~ 2 小时，用新鲜的发酵粉、酵母粉发面为宜，避免使用"面头"发面。

注：面头就是利用前一次发好的面，取下一块作为酵母来使用，它已经带有酸味并被细菌污染。

现代饮食八大怪

现代饮食八大怪，健康美德遭破坏。

家有锅灶不炒菜，偏偏要去叫外卖。

乘车吃喝不见怪，地摊饮食离不开。

刷碗洗手如灌溉，洗涤用品最钟爱。

冰箱不爱常清理，蔬菜变质全浪费。

水果蔬菜吃得少，大鱼大肉才满足。

一日三餐无定时，损伤身体留危害。

　　注释： 在乘地铁、公交汽车时，许多人在吃东西，这是很不卫生的，也会造成其他乘客的困扰；现在很多年轻人家里不做饭、在外就餐多，在外就餐时，脂类的摄入量常比家里高，会使人摄入更多的能量，从而导致肥胖及其他相关慢性病。因此，应减少在外就餐的机会，如果要在外就餐，也要尽量多搭配素食，注意饮食节制，这样才能吃出健康。洗涤剂，只要一洗东西一定要用洗涤剂，不知道这种东西的残留能危害健康。我们以前用热水、食碱刷碗，照样去油腻、油渍，而且无污染；冰箱里堆满各色各样的食物，却总是想不起来吃，等到食物腐败变质才想起来；大鱼大肉吃的频繁，不愿意吃蔬菜水果，这也是不好的习惯，我们人体需要多种营养，鱼、肉能供给的营养只是一部分；早上，即便是星期六，星期天双休日也躺在床不起，更不能去买菜，导致一日两餐，甚至一日一餐，这会给我们的消化系统带来沉重的负担。现今的饮食八大怪着实值得我们深思。

养生素食

减肥的肚子会唱歌

人的胃属于六腑，有很大的收缩性。撑起来很大，收缩起来又很少。而我们长期吃的太多、太饱，把胃已经撑大了，如果能逐渐地少吃，少吃到什么程度呢？我们说最好在下一顿吃饭前肚子会叫，胃有了空间，发出咕噜声，我把它说成会唱歌。胃唱歌时您觉得好听，赞美它，让它多唱一会，不出三个月您的饭量就会减少50%，它也就不唱歌了，再坚持半年七成饱，您就会感到身心轻松，百病消逝，但营养不减，只减主食和总热量。不要肚子一叫（咕噜）就迫不及待地要吃、猛吃。忍耐一下会更轻松。

减肥要坚持三条基本原则：

第一，减总热量，不减营养。把米饭、馒头、面条的食用量减少，蔬菜、水果、牛奶，鸡蛋万万不可减少。

第二，要慢减，逐渐地减，最快也要三个月，一般需要半年以上的时间。突然大量的减少食量会引起不良反应。

第三，要持之以恒、坚持到底，改掉不良生活习惯，减下体重后，要常年坚持吃七成饱，不暴饮暴食，防止反弹。

改变观念　饮食革命

中国是世界上饮食业最发达、最先进的国家之一。可是，中国传统的美食正因饮食不当，时刻危害着人们的生命。最新资料统计显示，在中国体重超标和肥胖者的总数量已达 2.6 亿人，高血压患者 2 亿人，血脂异常者 1.6 亿人，糖尿病患者 6000 万人。这些可怕的数据告诫我们，饮食不当正在导致我们的体质变弱，使人们面临着诸多慢性病的"纠缠"。

身体的健康是第一位的，如果没有了健康其他的一切也就无从谈起。据北京市卫生局统计，2005 年到医院就诊的病人比以前超出了 28%，平均每人所支付的医药费达到了 92 元；另据权威调查机构统计，目前我国已经成为全世界慢性病最多的国家之一，这一现象的出现不能不引起我们的重视。因此，在日常生活中注意保养，保持健康的体魄，才是正确的生活方式。

"关注大众健康，倡导科学饮食"是本书的中心思想。

作为健康饮食的倡导者，我们围绕着健康膳食发展这个主题，从五个方面进行了一些粗浅的探究和认识。

1. 生命最可贵，健康最重要

生命最可贵——人一生中最宝贵的就是生命。

古今中外，社会上都流传着许多格言和谚语，比如"人最宝贵的是生命，生命属于人只有一次""有人就有一切，荣誉是过去的，权力是暂时的，钱财是身外之物，唯独身体是自己的""人是社会之本，有人才有人类社会，才有家庭和国家""人是财富之本、财富之源""人失去了生命，是人间最大的悲哀""留得青山在，不愁没柴烧"，等等。

由此可见，如果没有了生命，那么其他的一切也就没有了依存的根源，一切都将会是空洞的妄谈。更深一步来讲，健康是生命最根本的保证，拥有一个健康的身体才是最重要的——人生最大的幸福、最高的享受就是健康。

2005 年，某大城市的一个知名企业家，由于平日不注意健康保健，致使身体患上了不治之症，后来他跑到美国就医，但这一切都为时已晚。在全无

希望的情况下，他向大众发布了一条消息：如果谁能医治好自己的病，还他一个好身体，他将从自己资产中拿出 3 亿元作为酬金答谢。但是，这一切都已经晚了，他的愿望是无法实现的，因为巨额的资产换不回一个健康的生命。

同样，2002 年自我国广东突如其来的"SARS"降临人间，形成了人类历史上的一场灾难。在患者群中，不幸离开人世间的大多都是原来健康状况差、免疫力低下的人，而能够战胜"SARS"，恢复健康，重新回到工作岗位的人，绝大多数都是原来身体健康状况好，免疫力强的人。

在人世间，世代都流传着这样一种说法——"没什么别没钱，有什么别有病""无法医治的病魔缠身不如早点离去"，可见人生所追求的最大最高的目标就是健康长寿，只有健康才是人生中最大的幸福！

2. 不可不知的健康数字

1 元

在疾病的预防工作上投资 1 元钱，就可以节省 8.5 元的医疗费和 100 元的抢救费用；

2 倍

贪睡小心短命！每晚睡 7 小时～8 小时的人寿命最长，每晚平均睡 10 小时以上的人比每晚睡 8 小时者的死亡数高 2 倍；

3.5 亿

2002 年调查表明，中国人群估计 15 岁以上的吸烟者为 3.5 亿人，15 岁～59 岁吸烟者为 3 亿人；

4 大类

影响人类健康的因素有 4 大类，个人行为和生活方式（约占 50%）、环境（约占 20%）、遗传（约占 20%）、医疗保健（约占 10%）；

12 岁

就寿命来讲，男性离婚者比夫妻恩爱者缩短 12 岁，女性离婚者比夫妻恩爱者缩短 5 岁；

28 天

人在晚年有相当一部分医疗费是在生命的最后 28 天花费的，也就是抢救费用。如果我们能够有效地预防疾病，可以使的健康生命延长远远超过 28 天；

40 年

过去 40 年中，世界经济增长 8%～10% 都来源于健康的人群，而亚洲的经济腾飞 30%～40% 源于健康人群；

8000 亿

国人因健康引起的直接或间接经济损失，2003 年高达 8000 亿元人民币。而三峡工程 15 年总投资 2000 亿元。2011 年国家财政支付医疗费 8000 亿元；

12%

1980～2004 年期间，卫生总支出的实际年平均增长率达 12%，而 GDP 每年仅 9.4% 的实际平均增长率。全国平均人均卫生总支出增加了近 5 倍，从人均 9 美元增加到人均 53 美元；

47%

近一半早死可以预防。通过健康教育改变行为，可预防 47% 早死，而通过改进医疗手段预防的早死仅为 11%；

50%

即使只隔离 50% 的流感患者，也可以推迟流行感冒高峰的到来，压低流行感冒的高峰，减缓传播的速度，从而收到减少 80% 以上病、死的效果；

60%

世界上慢性病是目前人类最大的死亡原因（占死因总数 60%），2005 年，心血管疾病死亡 1753 万人，癌症死亡 759 万人，慢性呼吸道疾病死亡 406 万人，糖尿病死亡接近 112 万人。

3. 不死于无知，要吃于有知

医学研究成果表明："在 21 世纪，人一生最少能活到 100 岁，最高上限则应该是 175 岁，甚至还可以活的更长寿一些。"

这个结论的认定，是世界著名的医学专家们从人的生长成熟期，即 20～25 岁乘以 5～7 倍计算出来的，而且上限还可以高于 175 岁，这些都是从当今仍旧活着的长寿老人身上推理而得出来的。今天，仍旧在世的世界长寿冠军是英国人——伯姆卡亚，直至今年她已整整 210 岁了，一生曾经历了 12 个王朝。另外，在罗马尼亚也有一个老太太，名字叫埃达，今年已 105 岁，而且在她 92 岁那年还成功地生了一个非常健康的婴儿！事后，经医疗机构检查，92 岁的埃达的体质和生理状态完全相当于我们三四十岁的妇女，非常健康！

她们能活到 100 多岁，甚至 200 多岁，那么别的人行不行呢？我们的回答：这是完全可以的。

在最近一次联合国会议上，大会专门对日本进行了表扬，因为日本在战后尤其是近 30 年来，百岁以上的长寿老人足足增长了 31 倍，而且还有逐渐上扬的趋势。后来，有人对他们长寿的原因进行深入的研究，结果发现他们的长寿秘诀就是合理的健康饮食。因此，世界卫生组织和知名的医学家们也提出了一句很有名的格言："不要死于无知"来告诫人们，"现在世界上有许多人的死，就是死在无知上。"

为了提高国民身体素质，为了人们的健康和长寿，我国有许多医学专家与世界知名的医学机构开始合作，共同研究人的健康保健，并且还取得了很大的研究成果。透过他们在全国各大城市的演讲课题内涵来看，其主导思想就是：人要活得健康，其中最基本、最核心、最重要的就是科学用餐、合理膳食。"合理膳食、适量运动、戒烟限酒、心理平衡"。

全世界著名医师在一次国际会议上发出了《维多利亚宣言》。在这个宣言中，医师郑重提出了人的"保健三原则"：第一个原则是"平衡饮食"；第二个原则是"有氧运动"；第三个原则是"心理健康"，也叫"心理状态"。由第一个原则来看，如何饮食，怎样改善饮食，怎样做到平衡饮食，的确是人们健康长寿的首要问题。

透过医学专家们的论述，我们得出了一个不争的结论：

人要健康长寿，就要每天科学用餐，吃营养平衡的膳食；盲目无知地吃，必定陷入疾病的误区或导致生命的危机与死亡。

4. 为健康长寿而饮食，就要科学合理地膳食

民以食为天，在吃什么、怎么吃这个问题上，一定要严加注意，讲究科学用餐，合理膳食。有史以来，人们的吃文化即饮食文化是随着社会物质和精神文明的变化而变化的。

回顾中华民族的发展历程，人们大体经历了两种饮食文化形态：一是生理需求型饮食文化，即为生存也就是为了活下来而饮食的饮食文化；二是心理需求型饮食文化，也就是为追求某种享受而饮食的饮食文化。

在改革开放以前，我国经历了一个漫长的物质匮乏、商品短缺的特殊历史阶段。当时，人们无论是在家里，还是到餐馆、饭店就餐，其需求只是填饱肚子，所以是"为生存而吃"。

到了 20 世纪 80 年代，我国的改革开放使社会生产力获得了解放，国家经济得到了发展，社会物质也变得相对丰富起来，供应与需求的矛盾终于得到了解决。随着人们收入的增加，对饮食的要求也逐渐地提高了，开始要求改善饮食的基本特征和饮食方法，其基本的心理特征就是想吃什么、爱吃什么就吃什么——追求味道，追求高营养，追求新、奇、特。

但是，这种不理智的、盲目的吃法，最终还是吃出了毛病，吃出了高血脂、高胆固醇、心脑血管病、高血糖和肥胖症等疾病。并且，这些疾病严重地威胁到了人们的健康和寿命。同时，这个危险信号的出现也促使人们特别是城市居民，产生了新的饮食理念，即新饮食文化现象的产生。

时至今日，社会的物质和精神文明都已满足我们的需求，我们当今所

迎来的是健康需求型的饮食文化，也就是为健康而饮食的饮食文化，又称饮食革命。这种新饮食理念的需求是什么呢？就是"为健康长寿而吃"。

这一崭新的、理智的、科学的、方向性的、永久性的新饮食文化理念，已在大、中城市显示出来。我们相信它必将成为全社会的新饮食文化潮流！同时，我们认为它是一个有规律性的东西，任何事物的发展规律都是不可抗拒的，只有遵循和顺应，才是明智之举。

要做到为健康长寿而饮食，我们就要注意——无论在家里，或是外出到饭店、酒楼用餐，都应做到四个坚持：

一要坚持平衡饮食原则。一日三餐不可少，早、中、晚分别吃八、七、六分饱，老人、病人可多一两餐。平日饮食巧安排，千方百计摄取多种营养。学习借鉴长寿老人和长寿国家用餐的饮食搭配经验，严格遵守"一、二、三、四、五""红、黄、绿、白、黑"十字科学、合理的膳食搭配法，即主食粗细搭配，副食荤素搭配，蔬菜、水果搭配，多种饮料搭配。

二要坚持饮食的食品卫生，餐具卫生。

三要坚持因人、因地、因场合不同形式的分餐制。

四要坚持先喝汤后吃饭，多清淡、少用盐、多蛋白、少脂肪、多绿茶、少白酒等良好的膳食习惯。

5. 不断提高认识，大力弘扬健康饮食文化

"健康中国，为健康而饮食"是社会客观事物规律派生出来的带有时代性的新饮食文化的新理念、新观点，是全社会、全民族的一件大事，更是我们饭店、餐厅等餐饮行业的一件大事。

要做好"为健康而饮食"的工作，首先我们就要学习研究"为健康而饮食"这一崭新的饮食文化理念的重要性、可行性和必要性，把思想和认识统一起来，制定出具体可行的经营策略和行动计划。然后，按照"为健康而饮食"的新饮食文化内涵要求，做好消费者的心理调查和分析。

比如，"非典""禽流感"过后，大家都深深地感受到了健康的重要性，开始注重饮食的卫生和营养配比。

通过广泛地、深入地、长期的宣传，新饮食文化必然会成为人们饮食结构中的一个重要的健康理念。

相关知识

拒绝五味　怕苦爱甜

"五味五色，四性五味"是食品原料营养价值的体现，只有膳食平衡，多方面的营养才能满足人体健康的需要。古语："五味入口，各有所归。"食物中的五味是从药物的五味转化借用而来，是指酸、甘、苦、辛、咸五味。

由于食物五味的不同，所以它们对人体五脏各部的作用也各不相同。

我国古老的"医食同源"理论就是基于食物的性味及其作用发展而来，如果我们在吃饭时一味地偏爱于甜或辣，拒绝其他口味，那么体内器官就会因为缺少其他性味而出现病症，相反过多进食的甜辣食物则会加重其消化器官的负担，久而久之便会致病。因此，我们进食五味应平衡，不可偏爱甜食鲜味，而惧怕吃苦、吃酸。

相信冰箱　长期存放

许多食物都存在着一定的保质期，俗话说：鲜鱼水菜不过街。也就是说，食品的营养价值在新鲜时是最高点，而过久存放就会失去营养成分，造成食物的污染。特别是冰箱存放东西，其中氟、电磁、食物之间生熟不分，交叉感染，都会使食品产生变质或失去营养。许多人总认为放在冰箱里冷藏而没有酸臭就是好食品，照吃不误，实际上是一种没有营养，被污染了的食品。

另外，到饭店吃饭，吃不完打包，已不再是什么丢人的事情。可是，剩下的饭菜打包这类饭菜怎么吃，却是有讲究的。在酒楼饭店用餐后，将剩饭打包放在冰箱里，而且应尽快食用，切勿放置太久；剩饭的保存时间，以不隔餐为宜，早剩午吃，午剩晚吃，尽量在 5～6 小时以内解决；熟食在进入冰箱前需凉透，否则突然进入低温环境中，食物容易发生质变，而且食物带入的热气也会引起水蒸气凝集，促使霉菌生长，导致整个冰箱内食品霉变。饭店到家的路上也是一个污染源，汽车尾气、铅、重金属都会污染食品，因此打包的食品不宜多吃。

科学的储存食品原料的方法：

尽量缩短原料的储存时间；要避免漏气，透光、吸潮；储存温度、湿度、通风状况要理想；干货制品要在阴凉、干燥、通风的地方储存，温度最好保持在 15℃ 左右；生熟要分开，异味大的食物要包装后再存放，如鱼、羊肉等。

细菌的繁殖最佳温度是 5℃～60℃，冰箱的温度低于 5℃。不过值得注意的是，冰箱内的温度只能抑制微生物的繁殖，而不能杀灭细菌。冰箱不是食物的保险柜。

一热抵三鲜　烫饭旧观念

据报道，曾经有一个人每天吃饭总是狼吞虎咽，他认为吃的慢了饭菜便会凉，而热腾腾饭菜要比凉饭菜有营养。所以，在他的一生中几乎没有吃过凉饭。可是，到了他50岁的时候，他的喉部便出现了疼痛感。他来到医院，经过检查，医生告诉他："他的食管已经发生病变，形成干枯状，而且食管内的皮下组织已经发生溃烂，唯一的办法就是花巨资改换人工食道。"长期吃烫饭是有损身体健康的。

古人语："饮食者，热无灼灼，寒无沧沧"，就已经指出了膳食的冷热要平衡。"食宜暖"，生冷食物进食过多会损伤脾、胃和肺气，微则为咳，甚则为泄。体虚胃寒的人，应少吃生冷食物，特别是在夏日更应慎重。民间也强调"饥时勿急，空腹忌冷"。反之，饮食也不可太热，否则易烫伤胃肠、咽喉。据报道，在华北地区食管癌高发区，居民就有喜饮喝热水、吃热粥的习惯。因而，古代医学家孙思邈在《千金要方》中指出："热食伤骨，冷食伤肺，热无灼唇，冷无冰齿。"所以，膳食应当注意冷热平衡。

根据作者的经验，夏季饮食饭菜的温度应在20℃～25℃，春秋季在25℃～36℃，冬季在30℃～45℃左右为宜。

饭后一大懒　不洗筷和碗

"饭后一大懒，不洗筷和碗"，已经成为我们生活中普遍存在的一种不良现象。

现代社会人们上班匆匆、下班匆匆，到了吃饭的时候也是匆匆忙忙，心里总是急不可待地想着吃完饭上床休息。由于生活忙、工作累，在不知不觉中都养成了饭后不洗碗的习惯，总感觉这样并没什么，只要下一次吃饭的时候一起洗干净就是了。

不洗锅，不洗碗和筷子，最大的危害就是使人感染细菌、病毒和霉菌等，导致生病。细菌、病毒和霉菌是极其细小的微生物，不仅肉眼看不见，即使在光学显微镜下也难以看得清楚，只有用电子显微镜放大十万倍以上才能觉察的到。在细菌中，大多数菌类虽然对人体没有太大的危害，但如果超过了人体的承受量就会引起疾病，产生腹痛、腹泻等现象。其次就是病毒和霉菌，病毒对食品的污染虽不像细菌那样普遍，但一旦发生污染，产生的后果将会非常严重，而霉菌则会产生霉菌毒素，进入人体后导致器官损伤，并具有很强的致癌作用。

所以，对人们的忠告是："饭后不要懒，勤洗筷和碗。"

细菌数量与时间的关系

时间	0 小时	1 小时	2 小时	3 小时	4 小时	5 小时
细菌数量	100	800	6 400	51 200	409 600	3 276 800

贪贱买烂菜 种下大危害

早市和菜市场是人们最常去买菜的地方，一是为了便利，二是图蔬菜价格便宜。因此，一些菜农和菜贩也盯上了人们的这一心理，他们将几天卖不掉的剩余蔬菜，统一廉价处理，比其它蔬菜便宜很多。这种方法，菜贩们屡试不爽，每每都是被抢购一空。可是，人们有所不知，其实这些烂蔬菜对人体有着巨大的危害。

这些便宜蔬菜在存放过程中已经变黄腐烂变质，失去了营养价值，用这类蔬菜烹制菜肴，不仅其营养价值已经降得很低，而且还存在着大量的有害物质，轻者可损伤脾胃，重者则会发生中毒反应，甚至可危及生命。例如，腐烂的生姜、土豆、芹菜等都会有毒素存在，危害人的生命。所以，我们提倡吃新鲜蔬菜，不吃隔夜蔬菜，对于鲜鱼及生食蔬菜要保证不过夜（烹调饮食），这样才能保证良好饮食，健康饮食。

变质的烂蔬菜

吃饭看电视 感情伴饮食

看电视吃饭，简称"电视餐"。许多家庭晚上下班后，全家聚在一起边看电视边吃饭，电视画面直接影响观看者的情绪，高兴时开口大笑，唾液四处飞扬；悲哀时热泪汪汪，感情伴饮食，伤及胃与肠。

美国的一项研究报告显示：减少儿童看电视的时间也可减轻其体重，因为看电视的时间愈长，小孩的腰围就会变得愈大。而且，另一项调查报告也指出，过胖的儿童有五成以上就是因为吃"电视餐"所致。

许多专家都苦口婆心地劝说人们少看电视，因为看电视与体重之间的最直接关系至少有两方面。首先，盯住屏幕会减少参加其他消耗体力的活动；其次，边看电视边吃东西，不知不觉会进食过量。美国休斯敦贝勒医药学院的调查报告也显示，美国有四成儿童吃的就是"电视餐"。

调查报告指出，如果儿童在就餐时不看电视，而是和家人一起共进晚餐，不仅会减轻体重，并且更能保证营养的摄取。

晚餐过于饱　体育锻炼少

我国素来以节俭为荣，为此有很多下餐馆的人面对没有吃完的一桌饭菜，总是会拼命地劝你多吃几口，理由不是怕你没吃饱、吃好，而是说，浪费了太可惜。听了之后，你也觉得这话说的不错，点了那么多菜，花了那么多钱，若不吃了，确实可耻。于是，直到吃得弯不下腰去，才觉得对得起节约的美德。

所谓"渴则思饮，饥则思食"，吃饭是人类生存的本能。但是吃饭不要过饱，过饱则伤脾胃。《黄帝内经》讲："饮食自倍，肠胃乃伤"，尤其是一日三餐中的晚餐，由于工作生活环境的影响，大多家庭是早餐能省则省，午餐凑合吃点，晚餐全家聚会，吃的最丰盛。殊不知，这样的饮食习惯对身体伤害极大。

晚餐过饱，不仅加重了肝胃的负担，会引起胃痛、腹胀等的问题，而且过饱会使大部分血液流向肠胃，使人产生昏昏欲睡的困倦感。许多爱美的男女，如果不注意晚餐的问题，在晚餐时吃的过饱，再加上一天工作的劳累，饭后倒头便睡，就容易使脂肪产生堆积，引发肥胖。有句话总结得最好：早餐吃好，午餐吃饱，晚餐吃少！现代饮食的新观点是：早饭八分饱，午饭七分饱，晚饭六分饱。又称：一、二、三，八、七、六。

另外，减肥的重要环节，应注意晚餐，防止脂肪沉淀，人体肥胖。

饮料品种全　少喝为保全

汽水、可乐等饮料中含有磷酸和碳酸，会带走体内大量的钙，且由于含糖量过高，喝后会有饱胀感，影响正餐。此外，可乐类饮料含有咖啡因，会对人的中枢神经产生刺激，使人在瞬间提神、兴奋。

咖啡因对人体的危害极其明显，不仅会刺激大脑中枢神经，导致失眠、乏力，更严重的是对肾脏造成巨大的危害。咖啡因抑制成年男性精子的产生，医学上认为它是"断子绝孙的食品饮料"，在印度及西方国家早已被人们所认识、抵制。而我们许多人还津津有味的饮用，实在令人担忧。所以，这类饮料喝一次两次不会产生毒副作用，就怕常年喝。

碳酸饮料还会腐蚀青少年牙齿。根据《英国牙科杂志》刊登的一份研究报告称，英国科学家近日发现，碳酸饮料是腐蚀青少年牙齿的重要原因之一。这份报告称，喝碳酸饮料会使 12 岁青少年齿质腐损的几率增加59%，使 14 岁青少年齿质腐损的几率增加22%。如果每天喝 4 杯以上的碳酸饮料，这两个年龄段孩子齿质腐损的可能性将分别增加 25.2% 和51.3%。研究者说，这份报告令人对英国青少年牙齿状况深感忧虑。

齿质腐损是由腐蚀牙齿表面珐琅质的酸性物质引起的，而蛀牙是糖类与牙菌斑中的细菌发生反应而导致的。碳酸饮料中的碳酸和糖分恰恰是这类饮料的重要组成部分。在这里提醒广大读者：白开水、绿茶才是保健、健康的饮品。

陈旧调料品　隔年藏病菌

在生活中，我们常用的调味品有大料、茴香、陈皮、桂皮、花椒等，这些大都是木本植物成熟的种子，只有桂皮是桂花树的树皮，陈皮为风干的桔子皮。这些调味品一般在每年的秋季收获，采收后用到第二年的秋季是一整年，并且经过了一个夏天（俗称过伏）。而有的家庭将此类调味品放了很久，有的三四年内照用不误，也有个别商贩为谋取经济利益，常把隔年陈货照样出售或掺假出售。这些调味品，在长时间的存放中，早已被污染，风味遗失，经氧化所产生的致癌物质，更是对人体百害而无一利。

调味品应及时更换，陈旧的调味品应倒掉。

加工食品多　营养破坏了

加工类食品含有致癌物质——亚硝酸盐。

亚硝酸盐是加工类食品最常用的添加化学物之一，其主要作用就是防腐和显色。特别是儿童食品，一些厂家为了引起儿童的购买欲望，将食品加工成形态各异的动物、玩具、宠物等诱引儿童。其实，这些色彩鲜艳、形态美观的食品所含的亚硝酸盐最多，其营养价值和维生素也早已严重破坏，所以不但热量过高、营养成分低，而且极不利于健康。因此，我们应少吃或不吃加工类食品，特别是儿童正处长身体的阶段，食入过多的亚硝酸盐对身体的危害最大，家长应控制孩子尽可能地少吃加工食品。

在日常生活中，最常见的加工类食品主要可分为：

（1）饼干、面包类食品

饼干、面包类食品，由于需要烘烤，其中的维生素、营养成分早已遭到严重破坏，还含有大量的食用香精和色素，食用后会对肝脏功能造成负担。这类食品只有热量、造型和花样，没有丰富的营养，对人体健康无益。

（2）方便、膨化类食品

方便、膨化类食品，盐分过高，含有防腐剂、香精，对肝脏会造成损害，而且只有热量，没有营养，吃一顿就能达到人类一天所需的热量，容易造成儿童厌食和肥胖。

（3）罐头类食品

罐头类食品的加工原理是把食物经机械加工、调味处理后，再利用马口铁无氧包装，以达到保鲜的目的，这类食品在加工过程中已经被破坏了部分营养。另外，还有一些罐头食品需要经过长时间存放，要添加一定量的防腐剂。最近，我国出口新加坡的罐头中就查出了"孔雀石绿"等有害物质。因此，罐头是营养价值低，易污染的食品，不宜多吃或长期食用。

（4）蜜饯类食品

蜜饯类食品，糖分高，且含有防腐剂、香精等添加剂，对肝脏的损害极大。

一些蜜饯类食品，往往会带有浓烈的刺激性气味，这主要是因为蜜饯产品中的二氧化硫超标。二氧化硫是一种无色、有刺激性的气体，对食品有一定的漂白和防腐作用，是食品加工中常用的漂白剂和防腐剂。一般来讲，少量的二氧化硫进入机体可以认为是安全无害的，但如果在食品加工过程中没有掌握好二氧化硫类物质的使用量，或者有些企业为了追求产品的外观色泽、延长食品的保存期限或为掩盖劣质食品，超量使用二氧化硫类添加剂，就有可能对人体健康造成不良影响。

另外，蜜饯类食品的第二大危害是含糖量高，热量大。并且，在加工中经过反复加热、加糖、加蜂蜜，其营养价值早已被破坏，因此应少吃或不吃。

（5）冷冻类甜食品

冷冻甜味食品，含有奶油，极易引起肥胖，且含糖量过高，会影响正餐。特别是幼儿的胃肠道功能尚未发育健全，粘膜血管及有关器官对冷饮的刺激尚不适应，因而不要多食冷饮。否则，会引起腹泻、腹痛、咽痛、咳嗽等症状，甚至诱发扁桃体炎。所以，6个月以内的婴儿是绝对禁食冷冻食品的。

（6）油炸类食品

油炸类食品是导致心血管疾病的元凶。由于油炸食品在加工时火力高，食用油冒青烟，这是生成二氧化硫的开始。同时，淀粉在油炸过程中，也会使蛋白质变性，并破坏维生素，生成致癌物质。还有，食用油炸食品，脂肪吸取多，容易导致肥胖和血糖增高。并且，反复使用的油脂已经变黑、变稠，有害物质增多，极不利于机体健康。

食品过了期　丢掉别可惜

近年来，过期食品害死人的消息时有发生，常常使人事后悔恨不已。

什么是食品的保质期？保质期是根据食品的性质，在工厂化生产的过程中，对食品确定的最晚的食用期限。更何况，一些不法厂商将过期的食品撤换标签、改变生产日期后再次投放市场销售，这样的恶劣行为不仅是法律明令禁止的行为，同时也是对人们生命安全不负责的行为。经过加工的食品，营养价值本已遭到了破坏，如果再加上防腐剂、调味剂、塑料包装等外部环境，经过出厂、仓储、运输、销售等环节，早已成为"垃圾食品"。而这样的食品，超过了保质期限还要食用，对身体的危害有多大，可想而知。

食用、加工、销售过期食品，不仅是国法难容之事，更是天理人情难容之事。因此，提醒广大读者和消费者，在购买时一定仔细查看出厂日期和食品的色、香、味、型，有疑问就不要购买和食用。

只要我们自觉地抵制过期食品，我们的身体健康就会更有保障。

染色添加剂　色素是大敌

食品造型越美观，色泽越艳丽，越要警惕！

一些食品加工厂，为了增加产品的美观度，大多利用添加色素的方法制成五颜六色的食品。例如，果冻、棒棒糖、泡泡糖等小食品。这些食品多数是为了吸引儿童，让他们感觉新奇，从而衍生购买需求，长期食用。其实，这些色素含量高的食品，营养价值极低，同时，这类食品中还添加大量的用化工原料制成的食品颜料，甚至还会出现亚硝酸盐含量超标的情况。如果儿童长期地食用这样的食品，对肾脏、肝脏等均会造成损害，不利于儿童的身体健康。

颜色偏重或鲜艳的同类食品一定要谨慎食用，尤其不要食用包装内有玩具或其他物品的食品。此类食品对健康危害极大。

什么是亚硝酸盐？

亚硝酸盐中毒和亚硝酸盐致癌不是同一回事。作为危险因素，亚硝酸盐致癌绝不是奶粉食品中含量所能达到的。亚硝酸盐在自然环境中广泛存在，特别是在食品中，包括五谷、米面、豆类、蔬菜、肉类、蛋类等都能测出一定含量的亚硝酸盐。例如，1000 克蔬菜中亚硝酸盐含量约 4 毫克，1000 克肉类中亚硝酸盐含量 3 毫克，蛋类 1000 克中含量 5 毫克，均为正常值。

膳食中的亚硝酸盐的含量，与我们通常所说的亚硝酸盐中毒的剂量不是一个概念。大豆在加工中会产生亚硝酸盐，像这种由于大豆特殊的加工工艺产生的微量的亚硝酸盐，对人体无害，不会影响人体健康。对人体引起危害的亚硝酸盐含量，一次性摄入 300 毫克到 500 毫克的亚硝酸盐才会对人体造成危害。比如，将亚硝酸盐误作为食盐食用，就可能引起中毒。

所以，我们所关注的不是含有亚硝酸盐，而是亚硝酸盐含量不能超标。

脂肪有不良　反式伤胃肠

脂肪在人的新陈代谢中重要作用。它不仅使食物变得更加美味，让我们产生饱腹感。但是，随着油脂精炼技术的进步，目前以植物油、鱼油等价格低廉的油脂为主要原料制取的各种人造油脂中都含有较多的反式脂肪酸，如黄油、奶油、起酥油、煎炸油等都是改变了物理形态的人造油脂。

据专家称，反式脂肪酸是一种特殊的不饱和脂肪酸，它的危害比胆固醇还要厉害，会提高血液中脂肪的浓度，导致血管变窄，甚至还会影响神经、生殖系统的发育，减少男性荷尔蒙分泌，使精子数量减少；抑制儿童的正常身体发育，易产生行动障碍，妨碍脑的发育；诱发 II 型糖尿病等。此外，反式脂肪酸含量的高低对胎儿的影响也很大，孕妇及哺乳期的妇女体内的反式脂肪酸含量越高，婴儿的体重就会越低，严重者还会影响胎儿的大脑发育。

因此，提醒大家在食用油脂类食品时一定要提高认识、改变观念、科学饮食。

残羹剩饭多　打包污染了

在西方，食物经过加工成品后，如果4小时内没有食用，就会被处理掉，不得再次食用。在中国，我们的饮食原则就较宽松，大都提倡4小时加热法，也就是食品在4小时之内不食用，再吃时要经过加热和高温处理。

但是，在人们现实生活中，极少数人采用了4小时倒掉或加热的方法，特别是剩菜剩饭已放置一两天，照吃不误。这样很危险，常常会引起呕吐、腹泻。剩菜剩饭中，有的细菌能在加热中被杀死，但有的细菌极其耐高温，如能破坏人体中枢神经的"肉毒杆菌"，其菌芽孢在100℃的沸水中，仍能生存5个多小时。并且，有的细菌虽然被杀死了，但它在繁殖过程中产生的毒素，或死亡菌体自身的毒素，并不能完全被沸水破坏。所以，腐败变质的食物哪怕蒸煮后再吃，也会使人中毒。

我们常常食用的淀粉类食品，如年糕等最多可保存4小时，因为在淀粉类食品中葡萄球菌最易寄生，而且这类细菌的毒素在高温加热下不易分解，因此加热并不能解决变质的问题。对于一些富含淀粉的食品最好在4小时之内吃完为好。

还有，鱼类食物在食前最好加热一次。吃剩的鱼类食品，经过长时间的存放极易滋生细菌，如果再吃时不进行加热就会伤及肠胃。下面请看一组真实而又惊人的数字：鱼身上的大肠杆菌，在20℃左右的温度下，每8分钟其繁殖量将增加两倍；在 5~6 小时内，一个细菌将会变成 1 亿个……如此巨大的数量，足以使人引起食物中毒。所以，吃剩的鱼类食物再次食用前一定要充分加热、灭菌。

因此，无论是在家里，还是到饭店酒楼吃饭，一定要量人下饭，以吃光为妙。这样既不浪费，又干净卫生。

菜品腌制周期长　硝酸盐含量超标

长期食用酸菜、咸菜等腌制类食物，可引起消化道癌。

专家研究结果表明：居民食用酸菜、腌制食品等不良习惯，可直接导致体内亚硝酸盐增高 20 多倍，致使消化道肿瘤发病率升高 5 倍以上。因此，专家提醒人们，要少吃咸菜、酸菜，最好吃新鲜蔬菜。

腌制食品对男性健康更有害。日本科学家再次证实，食盐过量确实会导致死亡。经过多次试验和观察后，他们得出结论：经常吃腌制食品者罹患胃癌的风险比普通人会高出一倍，而且这种趋势在男性身上表现得尤为明显。他们在日本的厚生劳动省开展了大量的工作，有关专家经过 11 年的时间，对 4 万名日本中年人的生活方式进行了观察。

根据获得的数据，在喜爱腌制食品的男性中，每 500 人中就有 1 人患胃癌。在所有接受调查的 18500 多名男性中，有 358 人是癌症患者，而在 2 万多名女性中仅为 128 人，由此看来女性腌食爱好者得癌的风险要比男性小得多，为 1∶2000。

第三章

生活大智慧，健康饮食有境界

吃饭不过饱是境界

从小我父亲就教我一句童谣："若要身体好，吃饭不过饱。"我牢记在心，受益匪浅。食物吃得合理是营养，吃得过多就是毒药。"物极必反"是古人的智慧，在中国古代的《易经》中就曾强调过这一哲学道理。

实践证明人在吃饭达到十成饱时，吸收是零，把肠胃撑的无法工作，只能排泄掉。吃到九成饱时消化吸收能达到 30%～35%，吃到八成饱时能消化吸收 50%～60%，吃到七成饱时消化吸收能达到 85%～90%。人的五脏六腑消化系统属于六腑，食物进入胃之后，胃液、胆汁、体液、血液、全身的机能都要帮助消化，进食量大时，把胃肠填满了，撑胀了，消化功能就失灵了，只能排泄。有的人吃多了之后拉稀、拉肚子，患急性肠胃炎，就是没法消化。这顿饭不仅没能给你增加营养，反而导致身体机能遭到破坏。管住自己的嘴，把好病从口入关，更要把住贪食关。

吃七成饱，可能有些人不习惯，或有饥饿感，解决的方法有两种：一是吃饭一小时后，再吃些水果或干果；二是坚持一段时间就习惯了。我们20 世纪 50 年代出生的人都体验过挨饿吃不饱的滋味，那时别说七成饱，三成饱也达不到，三年、五年人们都挺过来了，但是那时的人，没有患"三高"和其他心血管病的，饿出了龙马精神，鼓足干劲，力争上游，多快好省得大干社会主义。

有一句粗话叫"吃饱撑的"，吃饱后大脑缺氧，容易说错话，干错事，吃得太多，生理、心理都有损失。合理饮食是境界，更是优良品质的体现。

消化吸收好是境界

食物进入人体后，通过食道进入胃，到了胃里以后就像是进入了搅拌加工车间，用胃液、体液、胆汁进行调和、消毒（胃酸、胆汁）、研磨、稀释、搅拌，初加工后进入小肠，进入小肠的食物是稀粥状（所以吃饭前要多喝水，吃饭时要喝汤、粥、饮料等），胃是加工、搅拌、协调，它不吸收，进入小肠后才开始消化吸收，把有营养的成分分配给胰脏和血液，让血液把营养输送至全身。

而消化吸收后的废渣、废物进入大肠，在大肠中水分与固体将会分解，把水分输进肾，通过肾脏进行分析吸收，再把废水排到膀胱内储存，这时大肠内的废物就变成固体，成型的半干半稀状，随着大肠的蠕动，再将废物（粪便）排出体外。人体的消化道是人身高的 12 倍，食物进入体内后 24 小时排出，如果 24 小时之内排不出就是便秘。排出得及时、轻松，就是吸收好，吸收好身体才会好，才能达到吃饭的境界。

掌握具体需求　科学饮食是境界

食物的营养成分主要有：糖类、脂肪、蛋白质、矿物质、维生素、微量元素、膳食纤维和水，这些物质就是人体需要的营养成分、膳食结构、营养源。

糖类有多糖、双糖、单糖、麦芽糖、果糖、葡萄糖、乳糖等，主要是供应人体热量的营养素，一般一位成年人，一天有 500 克含糖量的食物即可，大米、白面、淀粉都含糖，是热量的源泉；脂肪主要成分有脂肪酸、甘油酸酯等，它起到保护体内热量、转化分解营养的媒介作用。我们常见的花生油、大豆油、橄榄油、葵花籽等是植物脂肪含不饱和脂肪酸，猪大油、牛油、羊油、鸭油、鸡油等属于动物类脂肪含饱和脂肪酸，一般一位成年人一天 25 毫升 ~ 35 毫升即可满足人体的需求；蛋白质是生命之源，是人体细胞的重要组成部分和调节营养功能。蛋白质内含核酸、球蛋白，并可与卵磷脂转化是人体生命中不可缺少的营养素，主要存在于瘦肉、禽蛋、海鲜、白玉螺（大蜗牛）等食物中。一位成年人一天需要蛋白质 50 克 ~ 60 克。

其他微量元素、维生素、矿物质也是人体不可缺少的营养素，需求量较少，常吃蔬菜、水果即可解决，不用刻意的去吃矿物质——钙、磷、钾、铁，而钠主要含在食盐中。

水是人的生命之源，人体从婴儿时含水量 80%，到 60 岁以后逐渐下降到 65% 左右，但是我们每天要适当喝水，达到水平衡，就是排出多少水，消耗多少汗液，要及时补充水，不能等口干舌燥，口渴难忍时再喝水。

另一种饮食量化标准是烹调加工过程中，例如一斤面加半斤水，大米与水比例是 1∶1.5 ~ 1∶1.8，一盘菜的用盐量是 2 克 ~ 3 克，炒菜用油一次 30 毫升之内等。

健康饮食，科学饮食因人而异。

小标准大健康，科学量化是最高的境界！

顺应自然是境界

大自然为万物创造了生存的条件，一年四季、二十四节气都是大自然的产物，"天地人和"才会健康。我们提倡：敬天、惜地、爱人！在自然环境生长的食物是健康的，是天降之宝，神降之物。而人造食物、膨化食物等垃圾食品是人造之物，是对身体有一定危害的，需要注意的是，塑料暖棚种植的反季蔬菜、反季瓜果也是人造食品。

一年四季产什么、吃什么，在20世纪80年代之前，冬季没有那么多暖棚，也生产不出那么多反季蔬菜，冬季从十一月份开始，老百姓就冬储大白菜、大萝卜、胡萝卜、腌咸菜，过冬虽然说清淡、泛味些，但是老百姓没有"三高""心血管"疾病，肥胖症等慢性病也很少，儿童也健康成长，没有早熟、发育异常现象。现在各种催熟剂、催红素、膨胀素、农药、化肥用在反季蔬菜上，吃多了毒素排不出来，反倒引发了疾病，有害于健康。田野中的野菜、野果是极好的食物源，春季的苦菜、刺菜、荠菜、蒲公英、车前草、香椿、柳叶、榆钱都是健康的美味佳肴。夏季田野里十步之内俱见芳草，马齿菜、苋菜、碱蓬菜、紫苏叶、桑叶等营养丰富、无污染，都是美食佳品。

顺应自然是吃饭取材的境界！

一日三餐有计划是境界

一日三餐，荤素搭配合理，一周七天，每天吃什么？应该有个小计划，最好制定出一周的菜谱，按照菜谱采购食物合理膳食。吃好一天三顿饭，珍惜每天的幸福生活！

一日三餐，一周的食谱、菜谱，几点吃饭，早点吃什么，中午吃什么，晚上吃什么，星期六、星期天全家团聚吃什么？吃几顿有肉的菜，吃牛、羊肉还是吃鸡、鸭、鱼肉、禽蛋、蔬菜、水饺、面条、米饭，有一个计划，既营养，又经济，节约开支，不乱花钱。在西方制定计划，列出三餐食谱是很普遍的家庭生活内容，而我们随意惯了，对饮食没有足够的重视，古人曰："吃不穷、喝不穷，打算不到就会穷。"乱花钱，胡吃海塞，不仅没有得到完全的膳食营养，更是浪费了钱财，搞坏了身体。饮食有节，起居正常是健康生活的重要内容。

早饭 6 点 ~ 7 点，常见：包子、油条、豆浆、馄饨、小米粥，炒米饭、煎鸡蛋比较好。

午饭 11 点 ~ 12 点，一般坚持两菜一汤，主食、米饭、馒头、水饺、面条等均可，两菜搭配一荤一素，一汤或一粥，馄饨均可。

晚饭 18 点 ~ 19 点，以清淡的一菜一汤为好，晚饭不宜过多过饱，主食参照中午即可。

荤菜中的肉类，提倡每周吃 2 ~ 3 次牛、羊肉，牛、羊肉是食草动物，它不吃添加剂饲料，只吃天然的野草，是神降之物转化品，高档的肉食品。猪肉一斤 12 元 ~ 15 元，牛羊肉一斤 24 元 ~ 28 元人民币，虽然一斤牛羊肉抵 2 斤猪肉的价格，但所含的营养是大不相同。

三餐有计划是科学的饮食方式，是吃饭的境界。

掌握火候是境界

烹饪是文化，是艺术，是技术，是我国五千年文化、文明的集中体现。

掌握烹调火候很重要，火是正能量，火能去臊、灭腥，烹出美味。火候能保护营养，增加美味，调节颜色，因此讲美食的色、香、味、型都与火候息息相关。为此，我写了一本《火候》，由广西科技出版社出版，多次加印，并被评为国内优质图书和支援新农村图书的指定图书。出版社在支付原稿费的基础上还奖励了我两千元，作为优质图书的奖励。

蔬菜、瓜果多数都可生吃，加热时断生变绿即可，如芹菜炒肉、大白菜炒肉片，先将肉类焯水，煸炒熟，出锅前一分钟加进蔬菜翻炒，出锅即可。切不可与肉类同时下锅炖炒，过大火候烹调会使蔬菜中的维生素遭到破坏，失去营养。

肉类的炖煮，要先焯水，凉水与肉一起下锅，慢火烧开，将肉中的血沫、膻、腥、催肥剂、瘦肉精等有害成分焯除，水宽、火慢，开锅后煮三分钟，捞出肉类，倒掉废水。广东厨师品尝北京厨师炖的肉，评价说炖这么烂的肉，哪还有营养？北京厨师品尝了广东厨师烹制的白斩鸡，说这鸡没炖熟，有血点，没法吃，这就是南北饮食的差别，是对火候的不同认识。

把握火候，是烹出美味的最高境界。

一料多用是境界

西方有位学者讲"本来世界上没有废物，就是因为不会操作，而产生出了废料和废品。"

我们在烹调中不会充分地使用原料造成很大的浪费现象比比皆是。

例如，把芹菜叶摘下扔掉，这可大错特错了。芹菜叶所含的有效营养成分是茎梗杆的4倍！在烹调时，茎梗和叶不易一起熟，传统的老百姓择菜扔叶，留下了芹菜茎，却扔掉了宝贵的芹菜叶。其实，芹菜买回家时可以先吃叶，把带叶的部分切下凉拌、制汤、调馅都可以。

吃西瓜，把西瓜皮扔掉，这也是不对的。因为西瓜的营养成分80%在皮中，正确的方法把瓜瓤挖出后，将西瓜皮片去老皮，中间那层淡绿色的瓜皮才是美食，拌菜、腌瓜条、炒瓜条均可。

还有人在烹制鱼时将鱼肉片切下，将鱼的内脏、鱼头、排刺扔掉了，这未免太可惜了，鱼肠、鱼肚、鱼膘、鱼刺都是美味，鱼头可以炖汤，炖成浓汤后，再加进豆腐、白菜等就是另一道名菜了。

珍惜原料、多用废料、巧用原料是烹调的最高境界。

不剩饭菜是境界

做饭缺乏计划，控制不了饮食量是造成剩菜剩饭的原因。倒掉是浪费，下顿再吃已经变质，就会对身体造成危害。

在饭店请客吃饭，为了表达自己的热忱，点了一桌子丰盛饭菜，结果吃了一半都不到就要扔掉，在社会上有许多爱面子、讲排场的陋习，招待客人的饭菜，不剩为不够，唯恐客人没吃饱。

据有关单位统计，我们饭店、招待所、职工食堂一年倒掉的饭菜上千吨，能养活两亿人，而这一惊天的数据产生的背后就是没计划烹调、做饭。统计部门只统计了单位的现象，而每个家庭的浪费也是很惊人。在小区的垃圾桶经常可以看到整袋馒头、面包等食物，现在北京实行垃圾分类，给厨余垃圾专门设了一个垃圾桶，此垃圾桶天天爆满，并散发出酸臭味，招来嗡嗡的苍蝇乱飞。

吃剩饭，危害很大。我国人民有勤俭节约的习惯，家庭剩饭不愿扔掉，饭店的剩饭打包带回家，放到冰箱里下顿再吃。剩菜剩饭在存放过程中，营养成分与空气中的氧气产生化学反应产生细菌，产生亚硝酸盐，表面上没有变化，实质已经起了变化和反应。例如，刚出锅的馒头吃起来香甜可口，越嚼越香甜，而存放一天的再吃，慢慢细嚼，会感觉到没有香甜味，而会产生酸味、涩味。

我有位远房亲戚是位很优秀的大姐，并且荣获北京市劳动模范的称号，二十多年前我去拜访她，聊天中她说："现在有了冰箱真好，我再也没倒过剩菜剩饭。"也就是说她每天把昨天的剩菜剩饭都吃了，结果在她68岁那年查出胃癌晚期去世了。

冰箱存物不是万能的保险柜，只是低温冷藏可减缓变质、腐败的速度。我们试想一下，冰箱里是否有氧气？是否净空环境？有氧气就会氧化变质。

宁缺毋滥，现做现吃。有计划的做饭菜是做饭的境界。

荤素搭配是境界

美国人10万人中患心血管病死亡的人数是中国人的17倍，美国人喝牛奶、吃肉食、吃甜食，而中国人是粗茶淡饭，吃荤素搭配的素食，饮食合理。荤素搭配是中国人的养生智慧，早在公元前 722 年成书的《黄帝内经·素问篇》中就讲："五谷为养，五果为助、五畜为益、五菜为充。"

美国政府给哈佛大学食品学院拨款两亿美元研究美国人为什么患慢性病的人特别多。哈佛利用了十年的调查和研究，得出的结论是不良的饮食生活习惯造成，从 20 岁开始到 50 岁发病，不良的生活习惯在潜移默化地伤害着人们，吃得太好、太细、太精是消化吸收的障碍，最后导致慢性疾病。

我们的荤素搭配习以为常，在饭店点菜，总要点上一两个素菜，这就是荤素搭配的很好模式。家庭饮食常做的两荤两素，一荤一素也是很好的范例。荤素搭配营养合理、全面，有利于健康长寿，是最高的境界。

尊重传统饮食文化

我国是文明古国，更是饮食大国，国父孙中山先生讲"我国近代文明进化，事事皆落人之后，惟饮食之道之进步，至今尚为文明各国所不及。中国所发明之食物，固大盛于欧美；而中国烹调法之精良，又非欧美所可并驾。"

我们的传统饮食内容很丰富，节日、生日都有传统饮食的体现。

春节吃团圆饭，年三十吃饺子，初一吃饺子，初二面，正月十五吃元宵，八月十五吃月饼，夏至吃面条，冬至吃水饺，五月端午吃粽子、吃鸡蛋、喝雄黄酒，入伏天也有初伏饺子，二伏面，三伏烙饼摊鸡蛋的习俗。

七月七日吃巧果，过年蒸花馍、大枣饽饽、蒸年糕、杀猪、宰羊、杀鸡、炖肉，都是传统饮食文化的体现。

传统饮食也有禁忌，例如：办丧事的丧宴不能吃饺子，面条不能吃荤菜，以素为敬，以素菜为孝，以素为尊，以素为雅。有位在机关工作的朋友，他父亲逝世后骨灰下葬，宴席让我安排，当我问他主食吃什么时，他说每桌来一盘水饺吧，我告诉他："今天是老爷子下葬的祭日，不能吃面条和水饺，面条有天长地久的寓意，水饺是喜庆节日、团圆时吃的食物。丧事宴宾主食只能吃馒头或米饭，万不可胡来。"他听后感到很惭愧自责，"这么点常识我怎么都不懂呢？"

传统饮食内容很丰富，是我们的财富，更是饮食文化的丰富内涵。倡导和保留饮食文化是境界，更是我们的责任。

保持食物的营养是境界

每一种食物都有一定的营养成分，根据它们的结构不同，存在环境不同，在运输、保管、储藏、烹调过程中就会失去营养，失去营养的食物没有食用价值，反而会损害身体。

叶类蔬菜主要含有维生素和叶绿素，对神经、眼睛、大脑有很好的保健作用。但是长时间炖煮会使其营养成分被破坏。炒菜时出锅前再放，做汤或菜粥时停火后再放，既可保持原有的营养，又美观漂亮，口感清脆，美味浓郁。

豆类蔬菜带应该加长炖煮时间，在保证营养的前提下首先要去掉有害的成分。土豆切开后内中的淀粉与氧气反应会变黑，它所含的淀粉是糖类，若不需太多的热量可以切丝、切片后，放到水里浸泡 10 分钟，浸取淀粉再烹调，清脆可口，营养不减。

动物性原料有异味，还可能含有催肥剂、瘦肉精等有害成分，建议先焯水再烹调，不宜长期冷藏，最好趁新鲜食用吃，才会保证最高的营养值。

保持食物的营养才能吃出健康，吃出美味，达到吃饭的目的，没有营养的食物就是干物质，是废物，是废物就不要再食用了，吃了之后达不到营养健康的目的。

保持食物的营养，吃出健康是高境界。

拒绝"垃圾食品"

世界卫生组织 2010 年列出了十大"垃圾食品"，一个原因是这些食品大都是人工制造而成，它们一个普遍特点就是，另一个原因是他们在加工制作中，加进了大量的防腐剂、色素、添加剂、膨化剂、泡打粉等有害健康的元素，这些垃圾食品色泽艳丽，包装精美很能吸引儿童的眼球，骗取孩子们购买，但是长期食用有害无益。

成型的、列名的垃圾食品我们有目共睹，但是另一种垃圾食品是我们自己制造的，例如：剩菜剩饭、乱用调料、不掌握火候焦糊的食物、存放不当发霉变质的食物、长期存放超保质期的食物，这些都是垃圾食品。我们常见的买两袋大米，吃了半年还没吃完，过了夏季、秋季再吃，实际上大米也有保质期，大米在稻壳中保存可以三五年不变质，甚至更长的时间，而一旦脱壳就是三个月的保质期，三个月以后就会逐渐变质，若是蒸熟的米饭就只有三个小时的保质期，超过三个小时，米饭在常温下就会逐渐变质。

花生未剥壳的，可以长期保存，剥了壳的花生，特别是在潮湿的环境下保存，就会产生黄曲霉菌，这种菌是致癌物。

冰箱不是万能的食物保险柜，有位邻居大姐一个人生活，喜欢吃豆包，一次买了 28 个豆包，我问她买这么多豆包吃的完吗。她说，放到冰箱里慢慢吃吧。豆包放到冰箱里三天以上已经变质，不能食用了，而许多人闻一闻没有异味，看一看没有绿毛，就照吃不误，实际上是在吃垃圾食品。

拒绝垃圾食品，不购买、不剩饭、不存放，吃新鲜食品，应季食品，勤买勤换，不多存积压。

相关知识

饭前便后要洗手　便前饭后要遵守

从猿到人的进化过程，使人的手得到解放，从而手也成了人体中接触外界物品最多的部位。例如，抓握公共汽车扶手、清洗汽车玻璃、操作劳动工具，或是拿钱去买东西，传递钱币等都离不开双手，因而双手也很容易粘染上细菌。如果在吃饭前不将手洗干净，就会对身体健康造成威胁。更加荒谬的是，有的人还提出了"不干不净，吃了没病"的歪理邪说，误导人们不洗手就吃饭，上完厕所也不洗手，无形中给人们的身体健康造成了不必要的危害。

对于便后洗手，大部分人都已养成了习惯，但是便前洗手至今尚未引起人们的足够重视，尤其售票员、售货员等公共场所的工作者，其工作时需要接触大量的钱钞，如果不注意及时洗手，那么感染疾病的几率也会比常人大得多。可见，不仅饭前洗手甚为重要，并且便前洗手也同等重要。

因此，我们不仅提倡养成饭前便后洗手的好习惯，而且也要养成便前睡前都洗手的良好习惯。

口味重盐量大　危害身体真可怕

盐被人们称为"百味之王"，是人们日常生活中必不可少的调味品，缺了它就会饮食无味，还觉得软弱无力，但若长期摄入过多，则很容易影响健康，诱发疾病。

食盐过多会伤胃。进餐时，吃进的钠盐过多，会使胃酸分泌量减少，并能抑制前列腺素 E 的合成，使胃粘膜产生广泛的弥漫性充血、水肿、糜烂、出血和坏死，从而对胃粘膜造成直接的损害，导致胃炎或胃溃疡的发生。同时，高盐及盐渍食物中含有大量的硝酸盐，它在胃内被细菌转变为亚硝酸盐，然后与食用物中的其他元素结合成亚硝酸铵，具有极强的致癌性。

食盐过多易患感冒。现代医学研究发现，人体内氯化钠浓度过高时，钠离子可抑制呼吸道细胞的活性，使细胞免疫能力降低，同时由于口腔内唾液分泌减少，使口腔内溶菌酶减少，这样感冒病毒就易于侵入呼吸道。

同时，由于血中氯化钠浓度增高，也可使人体内的干扰素减少，抗力降低。所以，日常吃盐过多的人，极容易患上感冒。

食盐过多钙会流失。饮食中钠盐过多，会使肾对钠和钙的排泄出现失衡，使钙的排泄量增加。同时，钠盐还刺激人的甲状腺素，激活"破胃细胞"膜上的腺苷酸环化酶，促使胃盐溶解，破坏骨质代谢的动态平衡，因而易发生骨质疏松症甚至骨折。

食盐过多会促发糖尿病。最近，在国外科研机构的研究中发现，食物中的钠含量与淀粉的消化、吸收速度和血糖反应有着直接的关系。在人体内，食盐会刺激淀粉酶的活性，从而加速对淀粉的消化，以及小肠对葡萄糖的吸收。经观察发现，进食盐量过多的人，其血糖的浓度远远高于进食盐量少的人。研究者提醒人们：应限制食盐的摄入量，以此作为一种防治糖尿病的辅助措施。

食盐过多易诱发支气管哮喘。根据国外一些学者的研究发现，患有支气管哮喘的病人在增加食盐量之后，体内组织胺的反应明显加快，使病情加重。所以，限制患者的进盐量，也可以在一定程度上预防支气管哮喘的发生和加重。

除以上危害外，摄入过多的盐，还会使人罹患高血压，加重心脏负担，促发心力衰竭，出现全身浮肿及腹水。患有肾炎、肝硬化的人，也会因过度咸食而加重水肿。

盐的主要成分中85%为氯化钠，所以每天所摄取的盐在6克之内就足够了、别摄取太多，避免对身体造成伤害。

脂肪高油量大　水缸腰漂亮吗

现在绝大多数人吃油超标。先不必说那些油炸、红烧食品中我们吃下去了多少油，做一个西红柿炒鸡蛋，每个家庭平均放油量都在 50 克以上。而那些饮食高脂多油、常吃火锅烧烤煎炸食品的人，油脂摄入量更是超标严重。

据权威部门调查表明：全国调查平均每人每天油脂的摄入达到了 44 克，而中国营养学会推荐的每人每天的油脂摄入量是 25 克。可见，现实生活中油脂超标是多么严重！

吃油过量害处多。吃油过量的危害，在短期内极不明显，但随着体内油脂的堆积，便会给人体带来诸多的问题，小至青春痘，大至疾病，都可能发生。

——肥胖、小腹凸出

油脂经吸收储存直接导致肥胖、小肚子凸出、水桶腰、萝卜腿、男士将军肚等。

——皮肤油腻粗糙、痤疮粉刺丛生

过剩油脂吸附了大量体内毒素，经皮肤代谢，导致皮肤油腻、粗糙晦暗、易生痤疮粉刺、出现脂溢性脱发等疾病。

——便秘及"肥肠现象"

不能及时排出的油脂在肠内形成脂肪团，导致"肥肠现象"，阻止水分吸收和肠道蠕动，引发便秘、腹胀腹痛等疾病。

——高血脂及各种心脑血管疾病

过量油脂如果不能及时排出，油脂会进入血液，使血液粘稠，血流缓慢，沉积在血管壁上，诱发高血脂、冠心病、脑中风等几十种疾病。吃油多了，再去排油是最不明智的做法，现代科学饮食提倡每人每天的脂肪摄入量不超过 25 克。

计算有误　营养不足

饮食是为了生存，注意饮食标准是为了生存得更加健康，但是在人们计算每天的摄取标准时却往往存在着偏误。

以每位成年人每天需要的蛋白质 120 克为例：一个鸡蛋的重量是 60 克，有的人认为吃一个鸡蛋就可以得到 60 克的蛋白质，于是每天便坚持仅吃两个鸡蛋。其实，鸡蛋并非全是蛋白质，还包括水分、蛋黄、蛋壳等，一个鸡蛋中蛋白质的含量不足 15 克；鲜牛奶也是高蛋白质食品，有的人认为每天坚持喝一袋牛奶便可保证人体每天的蛋白质摄取量。其实这是完全错误的，以每袋鲜牛奶的重量为 300 克，其中有 80% 是水，所以真正的蛋白质含量还不足 60 克。另外，在食盐的方面只认为精盐才是盐，而酱油中的盐分、虾米皮、鸡精等调味品中所含的盐分没有减除，因此普遍存在食盐过高的现象。

因此，当人们在计算每天人体所需的摄取量时，应去掉水分和其他物质，计算出实际的用量才能达到健康饮食的标准。

时髦餐具　花红柳绿

有些厨具、餐具看起来很时髦，花红柳绿，而实际上却存在着大量隐患。最近，美国专家又对某种不粘锅提出了异议，确认它带有致癌物质。所以，传统的铁锅、生铁锅、铸铁锅才是最好的厨具；瓷碗、木碗才是天然的健康餐具。

为了大家的健康饮食安全，人们千万不要犯以下几点错误：

铁锅煮绿豆。绿豆中含有大量的单宁素，在高温条件下遇铁会生成黑色的单宁铁，使绿豆汤汁变黑，有特殊气味，这不但影响食欲、味道，而且对人体也会有害。正确的方法是用砂锅或不锈钢锅煮。

用铁锅或不锈钢锅熬中药。中药含有多种生物碱及各类生物化学物质，这些物质在加热条件下，会与铁或不锈钢发生多种化学反应，从而造成药物失效，甚至会产生一定毒性。

用乌桕木或有异味的木料做菜板。乌桕木或带有异味的木料，不但会使菜品沾染上异味，污染菜肴，而且这种木料大都带有毒性物质，极易引起呕吐、头昏、腹痛、腹泻等症状。因此，自古以来，民间制作菜板的首选木料就是白果木、皂角木、桦木和柳木等。

喜好鲜丽或雕刻镂镂的筷子。色彩鲜丽的筷子上都涂有油漆，其中含有大量的铅、苯等有害化学物质，对人体极其有害。而经过雕刻或镂镂的筷子，看起来很美观、很高贵，但不易于清洁，会藏污纳垢、滋生细菌。

用各类花色瓷器盛作料。带有花色的瓷器，大都含有铅、苯等致病、致癌物质，这些花色会随着瓷器的老化和衰变，大量地释放出有害物质，对人体造成损害。

塑料制品的餐具、厨具。塑料制品色泽鲜艳，但是其自身的化学成分受热后很容易分解，被食入体内对健康留下严重的隐患。使用古朴传统的瓷器陶碗，粗茶淡饭是保持人体健康的基础。

全家同用　饮茶喝酒

家庭是一个共用的空间，是大家共同维护的场所，走出饮食误区，塑造健康卫生的家庭环境更加重要。但是，有些家庭或成员针对传统观念的卫生缺陷视若无睹，全家人共用一个杯子喝水的现象非常普遍，往

往出现一人得病，全家遭殃的局面。很多疾病都具有传染性，通过人体的分泌液即可间接传播，而全家同杯同碗，共用毛巾、拖鞋等都会给家人带来疾病。因此，每个家庭成员对于自身的不良习惯都应有所警惕和改变，物品专人专用，杜绝健康隐患。

街摊饮食　懒馋追求

走上街头，举目望去，一处处灯火辉煌，火锅大排档或小吃一条街随处可见，成了人们解馋享受的得意之处。但是，人们是否知道，火锅、麻辣烫等食品由于加热时间短，食物可能尚未涮熟就被吃下，不熟的食物很容易导致病毒、细菌、寄生虫感染。如今，一些特色小吃也开始学做半生半熟的食品，这些小吃、火锅、新型辣烫等都是一些纤维较粗、硬的东西，如白菜、鱿鱼等，对于一些患有消化功能或肝病的人来说就是以健康为代价的"奢侈"享受，这些食品常常是造成肝硬化、上消化道出血的原因。

"图省事，贪便宜"是选择街头饮食的人群的心理，你可曾想以懒惰省钱换来身体的疾病的代价是不是太大了。

街头餐饮有三大危害：

——环境差，风沙尘土伴饮食。

——条件差，提一桶水洗碗、反复使用，再用洗衣粉刷碗，更是重复污染。

——从业人员没有卫生证，没有技术等级，是餐饮游击队，对食品卫生和饭菜质量没有保障。

凉粉实不凉　其属高热量

最新研究发现，热量大、含糖量高的食品是导致肥胖的重要原因。糖类又称碳水化合物，这类食品主要有面粉、大米、面包、淀粉、蔗糖、果糖、甜菜等。在现实生活中有许多人，喜欢吃甜食，吃面包，吃大量热量高的食物，导致身体肥胖，体力下降，热量过高，缺乏营养。长期下去糖尿病、高血压、动脉硬化等疾病随即而来。吃出了病就是这个道理。

凉粉外凉内热。凉粉的主要成分是淀粉，且碳水化合物的含量很高，热量大，再加上其他的热量食物，吃完饭就睡，血糖高，准会胖。

时尚喝新茶　其实危害大

时新茶，是指新鲜茶叶干制后存放不足一个月的茶叶。不少人认为新茶营养好，泡出的茶水清绿、叶色鲜活、味醇香爽，多饮对身体有益无害。有关科研却得出相反结论：存放少于一个月的新茶含未经氧化的多酚类、醛类和醇类物质，可对人的胃肠粘膜产生强烈刺激作用，引起腹胀、腹痛等症状，尤其是慢性胃炎患者更不宜喝时新茶。

全球十大"垃圾食品"

世界卫生组织（WHO）公布的全球十大"垃圾食品"：

1. 油炸类食品：导致心血管疾病的元凶（油炸淀粉）；含致癌物质；破坏维生素，使蛋白质变性。

2. 腌制类食品：导致高血压，肾负担过重，导致鼻咽癌；影响粘膜系统（对肠胃有害）；易得溃疡或引发炎症。

3．加工肉类食品（肉干、肉松、香肠等）：含三大致癌物质之一：亚硝酸盐（防腐和显色作用）；含大量防腐剂（加重肝脏负担）。

4．饼干类食品（不含低温烘烤和全麦饼干）：食用香精和色素过多（对肝脏功能造成负担）；严重破坏维生素；热量过多、营养成分低。

5．汽水可乐类食品：含磷酸、碳酸，会带走体内大量的钙；含糖量过高，喝后有饱胀感，影响正餐。

6．方便食品（主要指方便面和膨化食品）：盐分过高，含防腐剂、香精（损肝）；有热量，没营养。

7．罐头类食品（包括鱼肉类和水果类）：破坏维生素，使蛋白质变性；热量过多，营养成分低。

8．话梅蜜饯类食品（果脯）：含三大致癌物质之一：亚硝酸盐（防腐和显色作用）；盐分过高，含防腐剂、香精（损肝）。

9．冷冻甜品类食品（冰淇淋、冰棒和各种雪糕）：含奶油，极易引起肥胖；含糖量过高影响正餐。

10．烧烤类食品：含三大致癌物质之首——"三苯锡丙吡"；1只烤鸡腿＝60支烟的毒性；导致蛋白质炭化，加重肾脏、肝脏负担。

男女有别　不分饭菜

食物进补不能盲目。由于男女有别，人的体质、性别年龄和所处的地域、气候不一样，进食也有所不同。

1．有益男人健康的食物

自古以来，人们对女性的健康的重视远远超过男性，男性健康是近年来才逐渐被重视的。作为社会栋梁、家庭支柱，男性承担着比女性更大的压力，营养不良、经济状况、长期的紧张、情感压抑，再加上男性多嗜烟、酗酒，男性的健康正严重的受到威胁。据科学数据显示，男性的死亡率远远高于女性。

为了保证男性充足的精力和健康的身体，我们在饮食方面就应该为男性调理，建议男性多多摄取以下食品：

西红柿，帮助消化蛋白质、强健血管、降血压。

黄豆，不仅含有大量植物性蛋白质，还是人体必需的微量元素的"仓库"，是男性必不可少的主食。同时，黄豆还能降低患前列腺癌的概率、改善男性的骨质流失，补充卵鳞脂。

南瓜子，对于改善前列腺肥大患者的症状、补充维生素E、抗老化具有良好效果。

胡萝卜，富含维生素A，是降血压预防癌症的最佳食品。

海鲜，可改善精子的数量与质量，有利于防止男子早衰。

大蒜，大蒜可消灭侵入体内的病菌、消除疲劳、提高免疫力。

全麦面包，可补充B族维生素、对抗压力。

绿茶，富含维生素C、利尿、消除压力、提神、降血压。

蜂蜜，如果有条件的话，每天还应该吃1~2茶匙蜂蜜，可起到补肾益精的功能。

山药，含有丰富的赖氨酸，而赖氨酸是形成精子的主要成分，可起到强精的效果。

2. 有益女性健康的食物

现代家庭，男人不再是独一无二的顶梁柱，女性已成为家庭中的"半边天"。作为一个现代女性，紧张的工作、繁重的家务、出人头地的奋斗都是每一位女性所要面对的任务。所以，现代女性也一定深刻地体会到了"人是铁，饭是钢"的重要性。如今，虽然人人都想针对自己的特点科学饮食，但现实生活中却常存在着不少错误做法。

为了女性健康，下面特向大家介绍一些女性最佳的饮食方法：

最佳肉食——鹅肉、鸭肉类低脂肪、高蛋白、粗膳食纤维的用食。鸡肉为"蛋白质的最佳来源"。此外，兔肉具有美容减肥的功效。

最佳汤食——鸡汤。除了向人体提供大量的优质养分外，当人因血压低而无精打采或精神抑郁时，鸡汤还可使疲劳感与坏情绪一扫而光。另外，鸡汤特别是母鸡汤还有防治感冒与支气管炎的作用。

最佳护脑食物——菠菜、韭菜、南瓜、葱、花椰菜、菜椒、番茄、胡萝卜、小青菜、蒜苗、芹菜以及核桃、花生、开心果、松子、杏仁、大豆等干果类食品。

最佳纠酸食物——海带。海带享有"碱性食物之冠"的美称，故每周应吃 3～4 次海带，才可保持血液的正常碱度而防病强体，防止酸性体质。

（3）有助健美的食品

现代女性承受着工作、家庭双重压力，身心俱疲，因此，在饮食营养调理和保健方面应给予更多的重视。其实，五谷杂粮里，有许多唾手可得的食物，含有大量美丽所需的营养素，但往往因为偏食被冷落在一旁。现在向各位读者提供 14 种严格精选出来的美腿食物，这些食物不但便宜又随处可见，每样都含有让身材呈现迷人丰采的营养成分。

海苔，维生素 A、B_1、B_2 海苔里都有，还有矿物质和纤维素，对调节体液的平衡颇有好处，想纤细玉腿可不能放过它。

芝麻，可提供人体所需的维生素 E、B$_1$，以及钙质等，特别是它的"亚麻仁油酸"成分，可去除附在血管壁上的胆固醇。食用时，可将芝麻磨成粉，也可直接购买芝麻糊，以达到充分吸收这些健美营养素的效果。

香蕉，卡路里有点高的香蕉，其实是可以当正餐吃的，因为它含有特别多的钾，而脂肪、钠元素却低得很，这最符合美丽身材的营养需求了。

苹果，它是一种另类水果，含钙量比一般水果丰富很多，极有助于代谢掉体内多余的盐分。而"苹果酸"又可代谢多余的热量，防止身体产生肥胖。

红豆，含有"石碱酸"成分，可以增强肠胃蠕动，促进排尿，消除心脏或肾脏病所引起的浮肿。另外，红豆所含的纤维素还可帮助排泄体内盐分、脂肪等废物，对健美有百分百的效果。

木瓜，吃了太多的肉类食物，极容易造成脂肪堆积，而木瓜里的蛋白分解酵素、番瓜素，则可帮助你分解这肉类食物，减少脂肪的吸收量。

西瓜，清凉的西瓜中含有大量的利尿元素，可使体内的盐分顺利地随尿排出，对膀胱炎、心脏病、肾脏病具有良好的辅助疗效。此外，西瓜还富含微量元素钾，可不要小看它修饰身材的能力。

禽蛋，含有五种瘦身元素：维生素 A，可起到嫩滑肌肤的效果；维生素 B$_2$ 可消除脂肪；而磷、铁及维生素 B$_1$ 则可有助于溶解多余的营养，对健康有不可忽视的功效。

葡萄柚，含有独特的枸缘酸成分，可使新陈代谢更顺畅，卡路里更低，而其含钾量却是水果中的前几名。渴望加入瘦身减肥的女士，一定要先尝尝葡萄柚的酸滋味！

　　芹菜，含有大量的胶质性碳酸钙，极容易被人体吸收，可补充身体所需的钙质。并且，芹菜对心脏有利，又可补充充足的钾，可有效地防止下半身浮肿的现象。

　　菠菜，多吃菠菜可使血液循环活络，可将新鲜的养分和氧气送到美丽的肌肤，以防止肌肤干燥、出现皱纹。

　　花生，有"维生素 B_2 国王"的雅称，有丰富的维生素 B_2，且蛋白含量极高，除了能美丽肌肤外，也是弥补蛋白质不足而造成的肝脏病的健康食物。

　　猕猴桃，含有的维生素 C 很多，是众所皆知的。其实它的纤维素含量也相当丰富，纤维吸收水分膨胀，可有效避免脂肪过剩，使身材更苗条。

　　番茄，有利尿、去除酸痛的功效，长时间站立的女士，可以多吃番茄去除腿部疲劳。建议番茄尽量生吃，做成沙拉、果汁或直接吃都可以，经过烹饪后的番茄，营养会大量流失。

饭后洗澡　血气损害

　　民间有句俗话叫"饱洗澡，饿剃头"，这是一种不正确的生活习惯。

　　饭后洗澡最易伤身。因为吃饱饭后我们的肠胃及四周的血管，都会汇集许多的血液，帮助搅动胃肠中的食物。如果饭后马上洗澡，这时皮肤在温热的水中，血管会受热而扩张，血液就会集中到身体表面，而胃肠附近的血液量就减少了。胃肠没有充分的血液，消化活动就变得很勉强，食物就无法顺利消化。所以，饭后要先休息一下子再洗澡比较好。

　　究竟饭后多久能从事洗澡呢？

　　据研究，食物在消化道停留的时间，脂肪约为 5 小时，蛋白质约 2 小时，糖类约 1 小时，因而最好是休息 1 小时后再洗澡，不但不浪费食物的营养价值，对健康也更有保障。

时髦饮食　不计后果

时髦的并不一定是最好的，时髦的饮食中就存在着很多不正确、不科学的现象，往往误导了别人，伤害了自己。

1. 喝咖啡解乏

咖啡效果因人而异。长时间集中精神应付简单工作的人，喝咖啡能刺激大脑，提高其工作效率。但对于应付复杂工作，需要短期记忆的人来说，喝咖啡则会使他们感到过度兴奋，随后便疲惫不堪、昏昏欲睡。此外，喝咖啡过多还会导致钙质流失。对于老人、小孩和骨质疏松患者来说，应尽量不喝咖啡。

2. 喝可乐成瘾

可乐喝得过量，可导致钾离子缺乏。过度饮用可乐者会突然出现类似休克状态，虽然意识清醒但不能言语。可乐喝多了还会使体质变弱，皮肤发生变化。最明显的例子是，被蚊子叮咬后，伤口不易痊愈，且会留下疤痕。可乐是由许多化学物质加上糖制成，主要成分是炒焦糊的红糖加苏打发泡剂兑对，不仅营养价值低，而且积存体内的化学物质对肝也有不好的影响。

3. 生吃鲜虾

有些鲜虾会带有肝吸虫病的襄蚴，生食后进入体内，经胃、肠消化液的作用，襄蚴幼虫进入肝胆管寄生。约一个月后发育为成虫，即可开始排卵，引起肝吸虫病。肝吸虫寿命可达 10 ~ 25 年。有人吃了"醉虾"后，经常有急性感染症状出现，高热寒颤、肝区疼痛，出现黄疸，血中嗜酸性颗粒细胞显著升高，大便中可查到虫卵。严重者会出现上腹饱胀、食欲不振等症状，甚至会因肝功能衰竭而死亡。因此，虾还宜烧熟后食用。

4. 各式烧烤

烧烤、街头食摊，烟熏火燎污染环境，产生病菌，许多人自认为时髦，乐此饮食，实际上是在吃不洁净的有害食物。长此以往，不得肠胃病也会得传染性疾病，很不可取。

5. 牛奶＋巧克力

营养专家指出：一些人爱把牛奶和巧克力一起吃，这是不科学的。牛奶加巧克力会使牛奶中的钙与巧克力中的草酸生成"草酸钙"，如果长期这样吃就会导致缺钙、腹泻，儿童发育迟缓、毛发干枯，还容易导致骨折和尿路结石等。

盲目减肥 营养亏缺

肥胖的原因不是摄入脂肪过度，而是"三白食品"食用量过大，糖尿病患者的最佳食物是肥肉，而不是瘦肉，尤其对Ⅰ型糖尿病人，吃肥肉比吃瘦肉更有利于健康。

肥胖患者在饮食上一定要知道对食物的选择、搭配，并对饮食习惯进行调整和改善，对热量要控制、分解……这才是饮食减肥的科学依据，而不是把饮食减肥简单片面地理解为不吃肉类、甜食或饿肚子。在日常生活中，要合理选择饮食品种，不能忽视了人体必要营养素的摄入，否则会影响自身的健康。可以进食一些具有减肥功效的食物，如高纤维、低热量食品，以及可分解脂肪、蛋白质，能促进排便、利尿和出汗耗热的食物。

在通常情况下，一个 18 岁左右的姑娘的全身脂肪，至少要占体重的 23%，这是她们将来能够怀孕、分娩及哺乳的最低脂肪水平，低于这个水平，就很容易造成原发性闭经，严重的会殃及未来的生育能力。把女人的卵子与一粒种子来做比较，是最恰当的比喻。如果一粒植物的种子，不饱满、瘪陷，能发芽生出新的幼苗吗？所以，奉劝各位准备减肥的女士，应谨慎对待减肥，减肥不可盲目。

第四章

待客的境界，饭桌上你要懂这些

"有客自远方来，不亦乐乎。"中国人有好客的风俗，这是良好的民风，招待客人有一个重要内容是请客人吃饭。有的在家做，更多的是到饭馆、酒楼、食府、餐厅宴请。此时要根据客人的身份、年龄、爱好、习俗制作饭菜或点菜，以尊重客人，让客人满意为境界。

我国宴请外宾，多是十几道菜甚至二十几道菜，20世纪80年代我国一位领导人到法国访问，法国时任总统蓬皮杜设宴招待，而盛大的国宴只上了四道菜和两道甜点，我国随行人员都感到惊奇，"这是国宴吗?"后来才知道这是规格很高的国宴，四道法式西餐的代表菜，烤大蜗牛，炸牛排，茄汁鱼，沙拉水果，一道红菜汤，两道甜点，客人很高兴，主宾很体面。

而我们现在的家宴也形成了"四一六""四二八""十大碗"等宴席标准。"四一六"是四道凉菜，一道汤，六个热菜。"四二八"是四道凉菜，二道汤，八个热菜。让客人满意，让自己体面，不必铺张浪费。吃顿水饺，四道凉菜，喝点小酒也是很好的招待。

招待客人的境界是尊重

尊重客人很重要，吃饭前问一下喜欢吃什么，量体裁衣，看客下菜，如果关系铁，他就会直接告诉你喜欢吃点什么。有位高贵的法国客人到我家来做客，我向他介绍我师娘做的鱼子炸酱面很好吃，是否愿意品尝一下。那位法国朋友讲，他从小父母为事业工作很忙，让佣人带大，是佣人照顾他一日三餐，小孩顽皮，犯了错误时，佣人不敢打骂他，就罚他，让他吃面条，所以他一生就不再想吃面条了。那吃水饺可以吗？朋友很高兴，我便做了中国的水饺，用三鲜馅包制，并做了六道海鲜，客人吃了说："这是吃得最好的一顿饭，比大宾馆里的口味还好。"客人很满意。

尊重客人的另一种做法是宴席座位的安排，山东是齐鲁文化的发祥地，文明之都，他们的宴席安排如下：

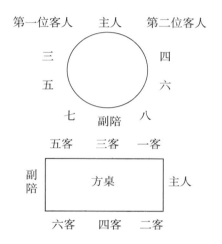

尊重客人，就是尊重自己，客人来访，中午 11 点之后、下午 17 点之后没走，一定留下吃饭。君子之交淡如水，君子坦荡，以诚相待，诚信为本，以诚赢天下！热忱待客，尊重客人，就会拓展你的朋友圈，赢得朋友的信任。

区别男女宾客饮食

男人与女人在生理上有所不同，因此饮食上也有所区别。为此我写了两本书，一本是《男人养生滋补汤》，一本是《女人滋补养生汤》，初步探索男女饮食的区别和特点，让我们从饮食中探索健康奥秘。

在招待女客人时上甜食、面食、质软无刺骨的食物为佳，酒水用葡萄酒、果酒、山楂酒为宜，这些食物女人比较喜欢，也符合女人的生理特点，大枣、桂圆、莲子羹对滋阴养颜有益，在招待女客人时应提前准备。刺激性大、异味浓的食物不适合女客人。

男人骨骼粗壮，肌肉发达，适合强壮身体、补充能量的饮食，例如：红烧排骨、东坡肉、炖牛肉，是男人理想、解馋的主打菜。

掌握男女饮食秘诀，做出适合客人的美食是最高境界。

尊重民族习俗是境界

我国是一个多民族的国家，是有 56 个民族的大家庭，各民族人民都有自己的饮食习惯，有饮食禁忌，要尊重别人的民族习俗，在招待客人时尤为重要。例如：信奉伊斯兰教的回族、维吾尔族等穆斯林客人，根据《古兰经》规定，他们不吃猪肉、马肉、动物血和病死的动物肉。这是清真饮食的一大特点——干净、卫生、高雅，更是伊斯兰民族的风俗，我们必须遵守。满族人不吃狗肉，据说努尔哈赤打天下时不幸落难，在生命垂危的紧急关头是狗救了他，因此他立下规矩，满族人一律不准吃狗肉，不准杀狗。朝鲜人喜欢吃麻辣、清淡的泡菜和蔬菜，不喜欢吃香气浓郁的调味。

民族习俗的内容很多，不懂时可以向客人请教，更可以从国家民委网上查询和了解。

以人为本，尊重别人是最高境界。

使用公筷　不互相夹饭菜

"有朋自远方来，不亦悦乎"，好客是我国的传统美德，无论是婚礼宴请宾朋，还是朋友间的互敬互请，互相夹菜已经成为中国礼节中的"优良"传统。特别是主人为了表现对客人的热情和友爱时，一块肥硕的大鸡腿就夹到了客人的碗里，而客人也是彬彬有礼，赶紧站起来与主人推让。他们用自己的筷子，你夹给我，我夹给你，反反复复，客气礼让，看起来挺文明，实质上这恰恰为疾病的传染搭建了桥梁。

这种礼让方式，不但不是文明的表现，而且还是一种很不卫生的陋习。

若要陪客，为客人夹菜，我们可以使用专门的餐具。这样既表现了主人的热情和友爱，同时又杜绝了疾病的传播，何乐而不为呢？

碗筷勤消毒　杀灭病毒有益处

中国人受传统思想的影响，对于碗筷消毒至今还是一个陌生而又不习惯的生活方式。更何况，有些家庭对于饭后清洗碗筷都是马马虎虎，若再提起碗筷消毒更是懒得去做，所以家庭碗筷不消毒也就成了人们常年我行我素的一贯行为。

每次餐具使用完后，都应当及时地清洗并进行消毒，这是一个人和每一家庭必备的常识，是有效保护身体健康的首要标准。因为碗筷长期的与食物接触，很容易被致病菌污染，如果碗筷得不到彻底的清洗和消毒，很有可能使致病菌大量繁殖，引起食物中毒或污染消化道。

现在有很多用于家庭的消毒设备，如紫外线消毒机、蒸气消毒机等，都是家庭中很好的清毒用具。如果家中没有专门的消毒设备，我们也可以使用高压锅进行高温消毒，只要将碗筷放入高压锅内进行沸煮 10 分钟以上就可以，但是一定要记住：不要使用化学洗涤剂或含氯制剂，以免造成二次污染。

相关知识

烧烤美味　多吃不够

烧烤食品时，冒出的浓烟会污染环境是人所共知的，但吃烧烤食品对人体具有潜在健康危害能有几人认识到呢？

首先，经过烧烤的食品会含有大量的致癌物质。烧烤食品导致蛋白质炭化变性，并含有大量"三苯锡丙吡"，据专家测验一只烤鸡腿的毒性相当于 60 支香烟。所以，经常食用烧烤类食品，不但会加重肾脏、肝脏的负担，而且还有致癌的可能。这种危害在短期内不会显现出来，因此往往被人们忽视。

其次，羊体内含有会导致人畜共患病的病毒，如布氏杆菌病等；还可能有寄生虫，如旋毛虫等。有些人喜食半生的羊肉串，认为这样口感鲜嫩。熟不知，如果羊肉没有经过严格的卫生检疫，在加工过程中加热不彻底，没有杀死其病菌或寄生虫，就会引起对人体的感染。旋毛虫包囊进入人体后，在肠道内发育成蛔虫，引起人的胃肠道病症状。而后，成虫又会产下幼虫移行入肌肉，引起全身肌肉疼痛、发烧、水肿。如果虫体进入重要器官，还可引起相应器官的功能障碍。

此外，串烤食品用的签子，经过反复使用也很不卫生。如果我们在污染的环境中，吃着被污染的食物，怎么会不生病呢？

为了您的健康，请大家还是少吃或不吃烧烤食品为好。

野蛮饮食　高档追求

根据我国相关法律规定，我国境内的野生保护动物有 3 大类，共 246 种（详见《名厨必读》一书）。国家保护动物分为一级保护动物、二级保护动物和三级保护动物，是地球上宝贵的生物，如果继续捕猎就会灭绝此物种。果子狸、扬子鳄、中华鲟、穿山甲、山瑞、娃娃鱼、白鳍豚、羚羊、马鹿、野猪、狼、山鸡、田鸡、金丝猴等均为国家保护动物。我国刑法规定：捕猎、贩卖、销售野生保护动物或野生保护动物制品的均为犯罪行为，处 3 年以上，7 年以下有期徒刑，情节严重者可加重处罚。保护野生动物、共创和谐社会，人与自然和谐，是全民族的大事，不能只说不干。在现实生活中，餐馆或家庭滥捕、滥宰、烹制野生动物的事件时有发生，究其原因，一是法律观念不强，二是图谋经济利益，而违法经营。

每个人都拒吃，每位厨师都拒绝烹饪，这种良好的社会风气，高尚的法制观念、道德观念，一旦形成，必定就会产生出良好的效果。

这里举一个吃蛙肉患病的事例：一位年轻人从安徽辗转到上海就医，医生发现他两眼突出，已近失明，思维迟钝，语言不清，还以为他长了脑瘤。后来发现他口腔黏膜有花生米大小的结节，切下来化验发现里面有个"裂头蚴虫"，再仔细检查，发现他眼内、脑内也都有"裂头蚴虫"的包囊。追问原因，原来他最爱吃田鸡——青蛙，而且经常活剥生食，只要蘸点蒜茸辣酱即可。病根儿找到了，是他吃了寄生"裂头蚴虫"的青蛙肉，导致了寄生虫病。

就像人体内有寄生虫一样，青蛙体内也有寄生虫，而且不止一种。裂头蚴是曼索迭宫绦虫的幼虫，成虫主要寄生在猫、狗的小肠内，虫卵排出后在水中孵化成钩球蚴，被剑水蚤吞食发育成原尾蚴，剑水蚤若被蝌蚪吞食，原尾蚴即可发育为裂头蚴。蝌蚪发育成蛙后，裂头蚴即移行到蛙肉内寄生，所以青蛙是裂头蚴虫的中间宿主。人吃了未熟的蛙肉，裂头蚴虫可穿过肠壁入血，移行到人体各个部位寄生，形成 0.5 厘米~5 厘米的囊性结节。裂头蚴最喜欢寄生的部位是眼、口腔、颊部、四肢、腹壁、胸腹腔甚至脑内，一个囊性结节可同时寄生数十条裂头蚴虫。如果仅寄生在皮肤、黏膜，还容易诊治。倘若寄生在眼或脑内，不仅诊断困难，后果也不堪设想。

蛙肉中还有"棘腭口线虫"寄生。人吃了带有这种寄生虫的青蛙肉，其幼虫在人体内游移，对皮肤、肌肉组织造成损害，形成脓肿结节，移行于神经系统时，还可引起脑脊髓炎等病症，临床还曾有过因该病死亡的报道。

保护野生动物要靠每个人自觉遵守，这是关系到人类健康发展的大事。

爱吃洋餐　热量过高

洋快餐脂肪高，热量大，吃一顿饭就顶一天的热量。其中，炸薯条、炸鸡腿、烤面包、三明治、冰淇淋等均属高热量的食品。如果人们在吃西餐时摄取过量的肉类食品、糖和经过加工的谷物，而没有摄取足够的新鲜蔬菜和水果，这些能量就会日积月累，不但增加了患结肠癌的几率，还会使胆固醇增高，体重超标，甚至导致一系列疾病。油炸薯条、汉堡包等都是垃圾食品，严重影响儿童的健康。所以，要少吃或不吃洋快餐最好。人们节食不仅要减少食量，不吃得太饱，而且还要减少肉类食品、加工食品，以及黄油食品的摄取量，而应该增加鱼类、家禽、新鲜蔬菜、水果和谷物的摄取量，增加运动量。

据有关部门检测，一些薯片、薯条中均含有一种致癌物质——丙烯酰胺。丙烯酰胺可通过多种途径被人体吸收，其中经消化道吸收最快，在体内各组织中广泛分布，包括母乳。高温烹调含丰富碳水化合物的食物，特别容易产生丙烯酰胺，如油炸薯片和油炸薯条等。薯类油炸食品中丙烯酰胺含量高出谷类油炸食品，尤其是又薄又脆的食物，因水分少，表面面积相对较大，所以含油量较高。至于食用薯条是否会危害身体，关键还在于摄入量。

尽管油炸食品会致癌物质并不是最新发现，但炸薯条等油炸食品致癌物质含量太高，还是少吃为好。

饮水有误　口渴才求

水是维持人体一切生理活动，包括新陈代谢、输送养料、促进消化、排除废物所必需的物质。人可以七天不进食，但三天不喝水就难过生死关。原因很简单，人体内缺水便不能维持正常的新陈代谢。

水在人体的营养成分中占有很大的比例。口渴是身体发出的一种信号，表明体内已经缺水，就像田地因天气干旱造成龟裂一样，这时才想到浇水为时已晚。人也是如此，等渴了再饮水，对身体已造成不良影响。一个成年人每天要喝 2500 毫升水，才能满足身体的需要。并且，许多科学家早已提出过人体内水分失去平衡会导致生命衰老的学说，但人们往往忽略了口渴的感觉，老年人因不觉口渴便很少喝水，结果造成水分补充不足，长期饮水不足便会导致脑的老化。

随着年龄的增长，人体内固有水分会逐渐减少，老年人细胞内的水分要比青年人减少 30%～40%，皮肤细胞所含水分的逐渐减少是中年以后皮肤出现皱纹的重要原因。老年人由于缺水会使体液不足而常常产生便秘。但老年人一次不可喝太多水，也不可喝得过快，以免增加胃、肠、心、肾的负担，要慢饮、常饮。

感冒喝水要适量。伤风感冒期间补充大量的水分并不会对康复有任何帮助。而且，在某种程度上还会有害于健康。研究人员分析了半个世纪以来患呼吸道感染的病人对水分吸收的数据后发现，没有任何证据表明补充水分有益于感冒康复，同时却发现不少由于饮水过量导致的血液中的钠元素严重匮乏，从而引起身体其他功能紊乱的案例。所以，患感冒时，如果身体没有脱水迹象，不建议饮用大量的水分来对抗呼吸道感染。

科学饮水，感到口粘时就要喝水，不要等到口干舌燥才喝水，每天保持水分平衡，才是身体健康之道。

汤补有误　危害健康

把动物性原料炖成汤汁，饮服可以吸收营养达到 80% 以上。喝汤对人体有很多好处，现代人似乎也进入了一个"汤补"的阶段，但有人认为喝汤仅是个人的习惯，似乎没有什么学问。其实不然，喝汤也存在着不少误区。

喝汤不吃"渣"。经检验，用鱼、鸡、牛肉等不同含高蛋白质原料的食品煮 6 小时后，看上去汤已很浓，但蛋白质的溶出率只有 6%～15%，还有 85% 以上的蛋白质仍留在"渣"中。经过长时间烧煮的汤，其"渣"吃起来口感虽不是最好，但其中的肽类、氨基酸更利于人体的消化吸收。因此，除了吃流质的病人以外，都应提倡将汤与"渣"一起吃下去。

爱喝"独味汤"。每种食品所含的营养素都是不全面的，即使是鲜味极佳的富含氨基酸的"浓汤"，仍会缺少若干人体不能自行合成的必需氨基酸、多种矿物质和维生素。因此，提倡用几种动物与植物性食品混合煮汤，不但可使鲜味互相叠加，还可使营养更全面。

喝太烫的汤。有的人喜欢喝滚烫的汤，其实这是有百害而无一利的。人的口腔、食道、胃黏膜最高只能忍受 60℃ 的温度，超过此温度则会造成黏膜烫伤。虽然烫伤后人体有自行修复的功能，但反复损伤极易导致上消化道黏膜恶变。经过调查发现，喜喝烫食者食道癌高发，喝 50℃ 以下的汤是最为适宜的。

饭后才喝汤。这是一种有损健康的吃法。因为最后喝下的汤会把原来已被消化液混合得很好的食糜稀释，影响食物的消化吸收。

正确的吃法是：饭前先喝几口汤，将口腔、食道先润滑一下，以减少干硬食品对消化道黏膜的不良刺激，并促进消化腺分泌，起到开胃的作用。饭中适量喝汤也有利于食物与消化腺的搅拌混合。

汤水泡米饭。这种习惯非常不好，时间长了还会使自己的消化功能减退，甚至导致胃病。这是因为人体在消化食物中，需咀嚼较长时间，唾液分泌量也较多，这样有利于润滑和吞咽食物。而汤与饭混在一起吃，食物在口腔中没有咀嚼充分，就与汤一道进入了胃里，这不仅使人"食不知味"，而且舌头上的味觉神经也没有得到充分刺激，胃和胰脏产生的消化液就不足，吃下去的食物不能得到很好的消化吸收，时间长了，便会导致胃病。

轻率忌口 偏听偏信

不考虑个人的实际情况和条件的盲目听从，盲目效仿，随波逐流，偏听偏信，导致我们很多错误的饮食观念。别人说不好吃，他连尝到什么滋味也没尝就拒绝饮食。1976 年我遇到一位先生不喝啤酒，我问他，为什么您喝白酒，不喝啤酒呢？他说，听别人说，啤酒有马尿味……同样，有许多人对芹菜、香菜、茴香、菠菜忌口，但是说不出忌口的原因。

忌口有三种方面原因造成：

1. 身体对此物有过反应，又称不授，吃了反胃、喝了呕吐、皮肤有反应。我见到过一个人不能喝酒，他喝酒后皮肤红肿，呼吸困难，他这样是绝对要忌口的。

2. 吃某种食物时遇到刺激的事，从此不吃此食物。有一位女性，年轻时她看好了一位男子，托媒人说亲，男方同意了见面，相亲地址定在男方家，男方准备了一盘桃子，她拿起一个桃子刚要吃，男人进来了，看了他一眼，没说两句话便告诉媒人他没看上此女人。女人就认为是吃桃子惹的祸，从此再也不吃桃子了，直到 50 多岁，见到桃子竟然还会掉眼泪。还有一位外国朋友，他不吃面条，我问他为什么，他说年少时犯了错误的惩罚就是让他吃面条，所以他见到面条就想起被大人惩罚的滋味。像这两种情况是受了刺激才不吃某种食物，这叫心理反应的忌口。

3. 遗传忌口，家庭几辈人都不吃某类食物，另一种情况是母亲怀孕期间不吃的食物，孩子也不爱吃。有位 60 岁的人，不吃鱼，我问他为什么，他说他妈怀他时就不吃鱼，所以他一生都不吃鱼。

全面饮食，营养多样化才能有益健康，新产品先少量试尝，再购买，接受新事物，认识新产品，树立新观念。没有正当的理由，不应拒绝食物，偏听偏信，造成偏食，受害的是自己。

缺乏知识　少见多怪

绿豆能清热解毒，在《本草纲目》中早有记载：在民间的认知度也很高，绿豆汤煮后，剩绿豆可以直接吃，也可以与大米掺在一起蒸出二米饭，还有人传说绿豆的营养价值是大米的四倍，许多人被"大师"一宣传就把绿豆神化了，从 3.6 元一斤炒到 12 元一斤。

鸡蛋、猪肝含胆固醇高，说不能吃鸡蛋猪肝。实际上鸡蛋中的天然蛋白质和卵磷脂的含量最高，是生命之源。

菠菜、茼蒿、茴香、芹菜是维生素含量丰富的蔬菜，有人说有异味，有人说叶酸与豆腐中的蛋白质发生反应，对人体有害就不敢吃了。大豆蛋白及其他蛋白质遇酸后应变性，其营养价值不变。从豆浆加卤水变成豆腐脑，豆水分离，再压出豆腐，你能说豆腐脑、豆腐与豆浆相比就没有营养了吗？听说红景天能抗氧化，就跟风炒作把红景天也炒到很高的价位。实际上红景天是一种草本植物，在我国广泛生长和流传。

许多人缺乏对食材的了解，听风就是雨，少见多怪，还盲目传播、指导别人，造成了很大的误导。

"三期"饮食　单调勿重

"三期"是指女性的月经期、孕育期和哺乳期，是女性身体发生特别变化时期。在饮食方面，更应该特别关照、合理安排。许多家庭没有注意这个现实问题，伙食单调，没有侧重性，更提不上小锅小灶，关爱女性了。

爱护女性是一件严肃而重大的问题。由于我们历来有重男轻女的思想，再加上女性普遍心善爱面子，许多贤妻良母型的家庭主妇怎么又能在自己的吃喝上搞特殊呢！长此以往，便会严重损害妇女的身体健康。

女性"三期"饮食应注意以下几个方面：

女性月经期应忌食生冷、辛辣食品，一些冰激凌、雪糕、冰镇饮料等都能引起痛经。经期尽量少食大蒜、大葱，过量食用会使内分泌出现异常。这些都应引起女性及家人的注意。

孕育期是重要时期。在这一期间的女性，一人吃饭两人用，食物消耗量最大，所以应适当增加高营养的蛋白质、动物性原料的摄入，保证营养全面，如一些含钙量高，有丰富的蛋白质的食品，应该多吃。另外，坚果类的花生米、核桃仁等更是有助于胎儿大脑发育的食品，这些都应当注意补充。

哺乳期的前期称坐月子，在这一个月内一般家庭会精心照顾产妇，但过了三个月以后便会忽略对哺育期妇女的关照，这是一个严重的错误。在生产后一至一年半的时间内，女性都应该加强全面的营养，进行科学饮食，只有这样才能使婴儿得到充分的营养，才能使产妇的身体机能得到修复。

第五章

老人健康有保障，吃出境界有花样

关照老人饮食是家庭幸福的境界

　　尊敬老人，孝敬父母是中国人民的传统美德。家中有老，是个宝，更是家庭和睦幸福的体现。父母在家就在春节、假期回家看看，关心老人身体健康，及时发现老人饮食生活中存在的问题，保证营养均衡是关键。儿行千里母担忧，是牵挂，是情感；照顾好老人的饮食是责任，是义务。

野生海参，保健佳品

　　牙口不灵了，胃动力不足了，消化吸收慢了，这都是老年人的生理特点和身体变老的表现。要根据老人的特点规划饮食，尽量让老人食用高蛋白、低脂肪的食物，烹制软硬适度的美食，以汤、羹、粥、煲、炖菜的方法改进用餐。例如在小米粥里加进海参，在鸡汤里加进西洋参、高丽参，提高营养，增强免疫力，增强体质，健康长寿是家庭幸福的境界。

粗粮虽好　饮食有度

不久之前，饮食健康界刮起了一阵粗粮"旋风"，专家们争相提出中老年人饮食应以粗粮为主，粗粮便于消化吸收，有利于中老年人身体健康。但作者认为，这种没有定量的说法欠缺科学性，适量地摄取粗粮可以促进消化吸收，如果粗粮摄入过量则会适得其反。

在胶东民间有一句谚语："大妈婶子不是娘，荞麦燕麦不是粮。"因为这些粗杂粮营养含量低，达不到养生保健的效果，而只能是被减肥者宠爱的食品。因此，吃粗粮成了近年来减肥者所推崇的一种时尚。

嫩玉米

很多年纪大的人喜欢吃粗粮，一方面是在怀念过去的生活，另一方面也认为它营养高、口感好。可是，粗粮虽好，最好也不要多吃，因为其中含有很多食物纤维，会阻碍人体对其他营养物质的吸收，降低免疫能力。

什么是粗粮。粗粮是相对我们平时吃的精米白面等细粮而言的，主要包括谷类中的玉米、小米、紫米、高粱、燕麦、荞麦、麦麸以及各种豆类，如黄豆、青豆、赤豆、绿豆等。由于加工简单，粗粮中保存了许多细粮中没有的营养。比如粗粮中富含膳食纤维和维生素 B。

同时，很多粗粮还具有药用价值：荞麦含有其他谷物所不具有的叶绿素和芦丁，可以治疗高血压；玉米可加速肠部蠕动，避免患大肠癌，还能有效地防治高血脂、动脉硬化、胆结石等。因此，患有肥胖症、高血脂、糖尿病、便秘的人应适当多吃粗粮。

粗粮中还含有丰富的钙、镁、硒等微量元素和多种维生素，可以促进新陈代谢、增强体质、延缓衰老。其中硒是一种抗癌物质，可以将体内各种致癌物，通过消化道排出体外。

吃多了降低免疫力。由于粗粮中含有的纤维素和植酸较多，每天摄入纤维素超过 50 克，而且长期食用，会使人的蛋白质补充受阻、脂肪利用率降低，造成骨骼、心脏、血液等脏器功能的损害，降低人体的免疫能力，甚至影响生殖力。

此外，荞麦、燕麦、玉米中的植酸含量较高，会阻碍钙、铁、锌、磷的吸收，影响肠道内矿物质的代谢平衡。以 25～35 岁的人群为例，过量食"粗"的话，会影响人体机能对蛋白质、无机盐以及某些微量元素的吸收。而老年人由于胃肠功能减弱，吃粗粮多了会腹胀、消化吸收功能减弱。时间长了，会导致营养不良。此外，缺铁和锌还会造成老年人贫血和大脑早衰。老人每天的纤维素摄入最好不要超过 25 克～35 克。

粗细搭配最合理。目前，联合国粮农组织已经颁布了《纤维食品指导大纲》，给出了健康人常规饮食中应该含有 30 克～50 克纤维的建议标准。研究发现，饮食中以 6 分粗粮、4 分细粮最为适宜。所以，粗细粮搭配吃最合理。

吃粗粮也应讲究方法。从营养学上来讲，玉米、小米、大豆单独食用不如将它们按 1∶1∶2 的比例混合食用营养价值更高，因为这可以使蛋白质起到互补作用。我们在日常生活中常吃的金银卷、腊八粥、八宝粥、素什锦等，都是很好的粗粮混吃食物。

此说法为作者个人观点，希望广大读者不要盲目追风，形成偏食，损害健康。

注：大妈是胶东地区对伯母的称呼，叔叔的妻子称为婶子，她们对你再好也比不上自己的亲生母亲。

野菜美味　不识别采

自古以来，人们都有吃野菜的习惯，我们家中的老年人对野菜更是赞不绝口。对于老人来说，这种食物性价比高、清脆可口，从色、香、味和口感上都超出了人工培育的品种。近年来，吃野生菜逐渐成为时尚。因而，有些人在市场上每每见到野菜，就会收入囊中。在这里要提醒大家，市场上的野菜并不是样样都可以吃，样样都有营养。在野菜的烹制手法上也各有不同。

野菜吃前需浸泡。野菜、苦菜、山蒜等野菜中都带有微量的毒性，如果不经浸泡，食用后易出现周身不适、瘙痒或过敏等反应。所以，对于这类野菜，在煮食前务必要在淡盐水里浸泡 1 小时以上，进行解毒处理。

景天

树上的野菜不宜炒吃。树上的野菜品种不多，如刺嫩芽、榆树钱、香椿、柳芽等，这类野菜宜蒸吃或蘸酱吃。若是炒着吃，就会既粘又涩，难以下咽。

不认识的野菜不要吃。吃野菜最起码要知道所食野菜有毒无毒，有些野生植物含有剧毒，误食后，轻者会胸闷、腹胀、呕吐，重者则危及性命。所以，不认识的野菜最好不要吃。

久放的野菜不能吃。野菜最好是现采现吃，久放的野菜不但不新鲜、味道差，而且营养成分大大减少，微生物的数量也很多。

苦味野菜不宜多吃。《黄帝内经》中讲："苦味入心。"苦味野菜味苦性凉，有解毒败火、保护心脏的作用，但过量食用则可损伤脾胃和心脏。

不宜熟吃的野菜。有些野菜宜生吃，如苣荬菜、蒲公英等，最佳吃法是洗净蘸酱生吃。还有一些苦味的野菜，生吃苦中有甜，爽口醒脑，煮熟吃则失去了原有的营养和风味特色。

　　被污染的野菜不要吃。受空气污染的野菜会吸收很多铅，废水边生长的野菜也常含有毒素，如马路边、厕所、猪圈旁的野菜均不宜食用。所以，最好在野外、高山、无污染的环境内采集野菜，并在食前用淡盐水浸泡 1 小时为佳，也可以用酸性水浸泡、冲洗。

车前草（种子称为车前子）

刺菜（小蓟）

吃茶饮酒有节制

茶是我国的传统饮料。饮茶是中国人的传统习俗，不仅中国人喜爱饮茶，外国人也喜爱饮茶。许多人都有饮茶的爱好，特别是老一辈人更是对茶极为钟爱。如果没有特殊的禁忌，适量饮茶对人体是有好处的。但是，饮茶不当却是有害无益的。

同样，酒对人也是极具诱惑力的，喜爱的人颇多，在老年人中饮酒者占的比例也是相当大的。但是，老年人的生理器官功能已经减退，新陈代谢的能力也在逐渐降低，如果适量地饮低度酒还可以，若长期不节制地饮用高度酒，最易招致人体解毒器官——肝脏的损害，从而引起一系列的生理变化。所以，老年人饮酒应掌握好分寸，适量饮用对身体才有益处。古人所说的"美酒不可多饮"是有科学道理的。

更甚的是，有的老年人只顾自己痛快嘴，饮茶、喝酒样样不少，有时渴急了还喝生水，这些都是老年人的大忌。生水中有各种各样的对人体有害的细菌、病毒和人畜共患的寄生虫。喝了生水，很容易引起急性胃肠炎、病毒性肝炎、伤寒、痢疾及寄生虫感染。特别是现今大小河道、水库、井水都不同程度地遭受工厂废液、生活废水、农药残余等污染，喝生水更易引起疾病。

适量吃茶饮酒是有助于身体健康的，能够达到促进血液循环，促进消化的作用。把握好这个"度"就显得十分关键。

老人吃饭有境界 营养均衡是关键

在饮食方面，老年人普遍存在这样的营养误区，就是怕营养过剩，于是干脆尽量少吃或不吃营养过高的食物。甚至有些老年人退休后，常常每天只吃两顿饭，天天是米饭、青菜加清汤的"老三样"。他们认为自己并没有感觉到饥饿，而且身体也没有什么不舒服，所以就渐渐地形成习惯。

事实上，一年四季只吃几种食物，或者为减少营养，而改吃两顿饭，这样的营养摄入量是远远不够的。虽然有些老年人自我感觉良好，但这长此以往会对老年人的身体健康产生不良影响。由于老年人消化功能减退，"老三样"的米饭、青菜、清汤的营养很难被完全吸收，导致血糖过低或头晕、乏力等不良反应。

因此，应提倡混合饮食，反对偏食。正确的办法是，以植物性食物为主，注意粮豆混食、米面混食，适当辅以包括肥肉在内的各种动物性食品，才是健康的万全之策。

老年养生20问 改变观念是根本

1. 按世界卫生组织规定，居民从多少岁开始进入老年？

   答：按世界卫生组织规定，从60岁开始进入老年。

2. 什么样的饮食习惯容易患高血压？

答：高盐、高脂饮食易患高血压。

3. 为什么老年人日常膳食要适量增加蛋白质的摄入？

答：随着机体老化、体内分解代谢的加强，会加速蛋白质的消耗，如果老年人摄入蛋白质不足，会加快人体器官的衰老。

4. 为什么要注意补钙？

答：由于老年人胃肠功能降低，肝肾功能衰退，因此对钙的吸收利用能力下降，所以平时饮食要注意补充食物钙。

5. 为什么老年人要适度增加体力活动？

答：运动有利于骨骼发育及骨量增加，同时进行户外活动接受日光照射可增加维生素 D 的合成。

6. 为什么要做到"食物多样化"？

答：吃多种多样的食物才能有利于食物营养素互补的作用，达到营养全面的目的。

7. 为什么主食要包括一定的粗粮、杂粮？

答：粗杂粮包括全麦面、玉米、荞麦、燕麦等，比精粮含有更多的维生素、矿物质和膳食纤维。

8. "多吃蔬菜、水果、薯类"有什么好处？

答：蔬菜、水果、薯类是维生素 C 等几种维生素的重要来源，而且含有大量的膳食纤维，可预防老年便秘。有些蔬菜、水果中含有的营养素还对一些老年常见病有防治作用。

9. 为什么要每天吃豆类及其制品？

答：大豆蛋白质含量丰富，尤其重要的是其丰富的生物活性物质——大豆异黄酮和大豆皂甙，可抑制体内脂质过氧化、减少骨丢失，增加冠状动脉和脑血流量，预防和治疗心脑血管疾病和骨质疏松症。

10．为什么要"经常吃鱼、禽、蛋、瘦肉，少吃肥肉和荤油"？

答：禽、鱼、蛋、瘦肉，脂肪含量较低，容易消化，适于老年人食用。

11．营养专家为什么主张在上午 10 点和下午 3 点加餐？

答：老年人的胰岛功能下降，如果长时间不进食物，会导致低血糖、休克。

12．如何选择加餐食物？

答：老年人加餐宜选择水果、酸奶、坚果、鸡蛋等食物。但注意加餐要比正餐稍减点量，以保证总热量不会增加。

13．为什么午餐要吃饱？

答：如不吃饱就不能保证下午正常活动时所需要的热量和营养素需求。

14．为什么晚餐要清淡？

答：晚餐后活动较少，吃过多油腻的食物会导致消化不良，还会导致血脂偏高，引起一些慢性病。

15．老年人每天喝多少水合适？

答：目前老年人每日每公斤体重应摄入 30 毫升的水。在大量排汗、腹泻、发热等状态下还必须按情况增加。应注意的是，老年人不应在口渴时才饮水，而应该有规律地主动饮水。

16．老年人夏季吃什么水果比较适合？

答：桃、西瓜、苹果都比较适合，每天应达到 200 克～400 克。

17．老年人夏季喝什么奶类？

答：老年人夏季适合喝酸奶，牛奶等奶类。

18. 为什么老年人要少吃动物内脏？每周吃多少？

答：动物内脏胆固醇含量比较高，饱和脂肪酸的含量也较高。每周吃一次（50克左右）比较适宜。

19. 为什么老年人要根据自己的体质选择膳食？

答：中医认为不同的食物所起的作用不一样。根据自身体质选择食物，可以起到强身健体、防病治病的效果。

20. 为什么老年人要根据四季变化选择养生食物？

答：中医说人与自然是整体的，春夏养阳、秋冬养阴，乃是顺应四时阴阳变化的养生之道。

相关知识

早餐冷食　有损健康

一天之计在于晨，早晨是人体最精神，代谢最旺盛的时段，补充营养需要有一定的温度才不容易伤害肌体。在现实生活中，很多白领丽人一早就喝蔬果汁，虽说可以提供蔬果中直接的营养及清理体内废物，但大家忽略了一个最重要的关键问题，那就是人的体内永远喜欢温暖的环境，身体温暖微循环才会正常，氧气、营养及废物等的运送才会顺畅。所以吃早餐时，千万不要先喝蔬果汁、冰咖啡、冰果汁、冰红茶、绿豆沙、冰牛奶等等，短时间内也许您不觉得身体有什么不舒服，事实上会让你的身体日渐衰弱的。

中医学认为："吃早餐应该吃热食，才能保护胃气。"

胃气并非单指胃这个器官而已，其中还包含了脾胃的消化吸收能力、后天的免疫力、肌肉的功能等。而早晨的时候，夜间的阴气未除，大地温度尚未回升，体内的肌肉、神经及血管都还呈现收缩的状态。这时候吃喝冰冷的食物，必定使体内各个系统更加挛缩、血流更加不顺。日子一久或年龄渐长，你会发现怎么吸收不到食物精华，具体身体表现或是大便老是稀稀的，或是皮肤越来越差，或是喉咙老是隐隐有痰不清爽，时常感冒，小毛病不断，这就是伤了胃气，减弱了身体的抵抗力。

因此，早晨的第一样食物应该是热稀饭、热燕麦片、热牛乳、热豆腐脑、热豆浆、芝麻糊、山药粥或广东粥等，然后再配着吃蔬菜、鸡蛋羹、热牛奶、水果、点心等。

健康生活吃竹盐　排毒能量添

盐是人人要吃，天天要食用的调味品，它是百味之王，食品之最，从古到今，哪里有生命，哪里就有盐，食盐伴随人的一生，这个盐有很深的学问。你吃的盐健康吗？没吃健康的盐实在太遗憾。

我们现在吃的精盐是生盐，又称加工盐，制作的过程是从大海中抽取海水，放到晒盐场平台上晒，海水蒸发后，剩下结晶体，这就是粗盐（又称大叉子盐），经过加工粉碎、过筛、加进碘（或钙、钾）混合后，进行包装、进入市场、到消费者家中。现在海水污染严重，大海中的重金属、石油残留，化学品残留，甚至核发电站泄漏出的核原料物等混杂到海水中，晒出的盐也含有这些有害物质。经化验食盐中含有109种化学元素，有83种重金属。重金属一旦进入体内，就不容易排出体外，沉积在五脏六腑中就是毒素，危害着人类的健康，同时生盐中的主要成分氯化钠对人体也有害。特别是对心脑血管危害很大，据统计我国现在患血管疾病的人2亿～3亿，患高血压的人2亿。乌克兰医学家将心血管堵塞的病人解剖，发现血管内淤积着黄色软块状脂质的物质，经化验是无机盐与脂肪类的混合物。因此讲，生盐对心脑血管有直接的危害。德国医学家也发现了生盐对人的危害，所以医学界倡导人们少吃盐。日本鹿儿岛县的人，在昭和30年，每人每天的食盐摄入量平均为23.5克，80年代我国东南沿海居民的食盐是每天每人平均16.5克，当政府和卫生部门呼吁人们少吃盐时，把盐的摄入量降到6克。

我们还要提倡吃好盐，吃竹盐，吃五行丹。

什么是竹盐——五行丹呢？是科学工作者根据我国传统的道家炼丹术，将生海盐加青竹炼制而成的熟盐，是高级调味品和保健食品。

竹盐的制造工艺流程是将海盐装入三年生的青竹筒中，用生土（黄泥）密封——装进特别的炉中点燃松木燃烧9个小时，此过程为断生、灭活、取得烤竹盐——再装竹筒入炉烤制9个小时——取得二烤竹盐——再装竹筒入炉烤达到升华，产生三烤，高级竹盐——再装竹筒入炉烤到第九次时，炉温已达1350℃高温，竹盐在炉中已溶化形成液体，流出炉外——晾凉后结晶成为高能量的极品竹盐——五行丹。这时的竹盐五行丹经过千锤百炼，灭活、断生、去劣、升华、提高，成为微量元素丰富，钠离子含量低的新型高级调味品、保健食品，用它来烹调、拌菜，饮服，不仅不危害生命，且而还能恢复体能和肌体细胞，还原修复损伤的组织、通脉络，起到强身健体之功效，这种盐就是适当地多吃也不会对人体造成危害。

我国人民早就认识到了盐的保健作用和食疗食补的作用，在《本草纲目》中对盐的功效讲的很清楚。

竹盐

竹盐

【释名】盐的品种很多，有天然盐和人工盐。海盐，取海卤煎炼而成。

【性味】味甘、咸，性寒，无毒。

【主治】主治肠胃结热，喘逆，胸中病，令人吐。治伤寒寒热，吐胸中痰癖，止心腹疼痛，杀鬼蛊毒气，治疮，坚肌骨，除风邪，吐下恶物，杀虫，去皮肤风毒，调和脏腑，消积食，令人壮。助水脏，治霍乱心痛、金疮，聪耳明目、轻身，使人肌肤润泽，精力旺盛，不易衰老，止风泪邪气，疗一切中伤疮肿、火灼疮、长肉补皮肤，通大小便，疗疝气，滋五味。空心揩齿，吐水洗目，夜见小字。解毒，凉而遇燥，定痛止痒，治痰饮等病。

【附方】

治突起腹胀：腹胀急起冲心，或块起，或牵腰脊的，服盐汤催吐。

治突然休克：盐一盏，水二盏一起服，用冷水喷就苏醒过来。

治脱阳虚证。四肢厥冷，不省人事，或小腹紧痛，冷汗气喘：用炒盐熨脐下气海很有效。

治娠妇逆生：把盐摩擦产妇腹部，涂在小儿的足底，用手搔腹部。

治喉中生肉：用绵裹于箸头，抓盐揩之，一日五六次。

治蛆蚯蚓咬毒，形如大风，眉发都落：只要用浓的盐汤，浸身几遍就好。

治蜂叮虫蛟：用盐涂在伤处。

治虱出怪病，临卧浑身虱出：病人只能喝水，在床上，昼夜号哭不停，舌尖出血不止，身体牙齿都黑，唇动鼻开。只饮盐醋汤十几天就好了。（出自《奇疾方》）

救溺水死：卧在大凳上，后足放高，用盐擦脐中，等水自动流出，切忌倒提出水。

治溃痈作痒：用盐摩四周就会止痒。

戎盐

【释名】最初出于胡国，故名戎盐。

【性味】味咸，性寒，无毒

【主治】聪耳明目、轻身，使人肌肤润泽，精力旺盛，不易衰老，治目痛，益气，坚肌骨，去毒蛊。治心腹痛、溺血吐血、齿舌出血。助内脏，益精气，除五脏症结、心腹积聚、痈疮疥癣，解芫青、斑蝥毒。

光明盐

【释名】光明盐有山产、水产二种。山产即崖盐，也叫生盐，长在山崖之间，形状像白矾，生于阶、成、陵、凤、永、康等处。水产的生于池底，形状像水晶、石英，出产于西域一带。

【性味】味咸、甘，性平，无毒。

【主治】主治头痛诸风、眼红痛、多泪。

卤盐

【释名】生产于河东池泽、山西等地的平原，以及太谷、榆次、高亢等处。八九月都要选述，远远望去像水，走近看像雪，当地人刮下来熬成盐。有点苍黄色就是卤盐。

【性味】味苦，性寒，无毒。

【主治】主治大热消渴狂烦，除邪及下蛊毒，柔肌肤。去五脏肠胃留热结气，治腹胀，食后呕吐、气喘。聪耳明目、轻身，使人肌肤润泽，精力旺盛，不易衰老，止痛。

在 2000 多年以前，秦始皇统一中国时，就对盐很关注，他执政期间三次东巡的重要目的就是考察盐业生产，规定了胶东沿海地区制造食盐的村庄为灶户，种粮食的为农户。灶户要做的就是垒炉灶，利用大锅煮盐。把海水倒在锅内，灶内不断地烧火，使海水沸腾、蒸发，煮出食盐。当时的海水没有被污染，再使用高温烧火，炖煮，把有害成分杀灭，生产出的食盐相对安全，副作用少。

而利用高温，九次烧烤的竹盐更是盐中珍品，它去掉了对人体有害的成分，增加了能量和磁力，丰富了微量元素，对人体所需的微量元素是有益的补充，另外它还具有还原能力和排毒功效，可以排除体内的垃圾和毒素，能增加肠道的蠕动和排泄力，产生了新的功能和功效。

其口味也有很大的改变，由原来生盐的苦咸味变成了现在的甘咸味或鲜咸味，因此又称为神奇的竹盐。

竹盐是将日晒盐装入三年生的青竹中，两端以天然黄土封口，以松树为燃料，经1000℃～1500℃高温煅烧后提炼出来的物质。具有抗菌、消炎等作用。

解毒作用。竹盐能解毒、排毒。毒素分四类，第一类是重金属毒素。竹盐中含有天然硫磺和松脂的成分，这两种成分是中和、化解重金属毒素最有效的物质，许多国家的科学实验已充分证明了这一点。再加上竹盐能放射大量的远红外线，远红外线对重金属毒素的排除，也有相当大的作用。第二类是细菌、病菌、病毒等毒素。在现实生活中，我们发现有许多慢性炎症和细菌、病菌并没有因为药物的发展而减少或灭绝。恰恰相反，这些毒素在大量的抗生素和药物的作用下，反而产生了抗体，生命力越发旺盛。竹盐的消炎、抗菌、中和毒素的能力是惊人的，几乎可以说是食品中无比的。对这一类毒素的清理也是药物所不及的。第三类是血脂、胆固醇、酸毒等毒素。竹盐能够快速、彻底地铲除这些毒素，纯净血液，净化全身。第四类是宿便毒。竹盐能解决便秘问题，且同时把沉积肠内多年的宿便、固便等垃圾一并清出肠外。现代人的许多问题都与宿便、固便、便秘密不可分，此难不解谈不上排毒净身。

平衡人体。竹盐能对人体起着非常巨大的平衡作用，并通过这种平衡和调节达到人体的自愈和康复。竹盐不但矿物质含量丰富，而且微量元素全面均衡，并以天然合理的结构存在，特别有助人体全面吸收。竹盐是强碱性食品，充分调节人体内的酸碱平衡，从根本上铲除现代疾病。竹盐强化了渗透压的功能，恢复了人体的新陈代谢秩序，助消化、助排泄、助营养输入，激活了人的生命力。

增强代谢。竹盐对新陈代谢的改善、免疫功能的强化、身体血液障碍的清除、组织再生能力的加强都有特效。竹盐能不间断地放射远红外线，这是因为竹盐是用特殊的方法经由 1000℃ 以上的高温烧制而成的。在竹盐的烧制过程中，它完成了一个由普通食品、向高能量食品跨越的过程。

竹盐强化了人体内水分子的能力，从根本上改变了一个生命体的质量。同时在增加抗痉挛能力、抑制知觉神经异常兴奋、调解自律神经等方面也都有很大的助益，其重要原因是竹盐是高能量食品，能稳定地充分地放射远红外线，发挥远红外线的作用。

还原力。竹盐是能抗氧化、清除自由基、具有还原力的食品。它能释放大量的电子，不仅能阻断自由基疯狂的掠夺行为，而且还能够及时修补被自由基损害的细胞。也就是说，竹盐卓越的抗氧化功能、卓越的清除自由基的功能、卓越的还原力，都基于一个事实——还原生命的能力。竹盐是矿物质及微量元素的宝库，是目前世界上矿物质最为丰富的食品之一。竹盐囊括了大海、陆地、森林等地球上几十种矿物质及多种微量元素，而且运用了中国古老神秘的加热方式，秉承道家的炼丹术及其他一些方法，经 1000℃ 多度的高温烧烤，使得竹盐中的矿物质和微量元素仍然保持着原始、天然的状态，完好无损地保持着大自然给予的、生态系中矿物质原本最初的平衡结构。有了竹盐，我们就不愁身体会生锈；即使已经生锈的细胞和机体，也会因为食用竹盐而还原到最初的最佳状态。竹盐富含微量元素——硒，这是竹盐具有卓越的抗氧化能力和还原能力的另一个重要原因。我们知道，硒是人体必需的微量元素。成年人每天约需 0.4 毫克。硒具有抗氧化、抗衰老的作用。硒是谷胱甘肽过氧化物酶的成分，该酶使有毒的过氧化物还原为无害的羟基化合物，从而保护细胞组织免受过氧化物的危害。不饱和脂肪酸尤其是高级不饱和脂肪酸在体内可被氧化成脂质过氧化物，过多的过氧化物可损害机体组织，谷胱甘肽过氧化物酶可防止对机体组织的损害，从而达到抗氧化、抗衰老的目的。能使细胞膜中的脂类免受过氧化物的作用，从而保护了细胞膜。

生熟不分　危害最大

病从口入，生熟不分是重要的污染渠道。在烹调操作中，食物的生熟不分，对人体造成的直接伤害最大。

生的食品原料有鱼、虾、肉类等，这些食品原料都带有异味和大量的细菌，如大肠杆菌、好氧菌等，只有通过高温加热才能杀灭。这类食品原料在未加热做熟之前，都带有一定的异味。古人总结为："水生者为腥，食草者为膻，食肉者为臊。"就是说水产品带有腥味；食草的牛、羊、骆驼等有膻味；食肉的狼、豹、狸子等有臊味。这些异味只有通过烹调才能尽可能地处理掉。

熟食，是可以直接入口的食物，包括加工后的食品、果蔬等。

有的人切菜生熟不分，将刚刚切过生肉的刀和菜板再用来切已经加工好的熟食，这时生食中的细菌和异味就会和熟食交叉感染，食用后便会引起腹泻、痢疾、肠炎等症病。所以，这是一种非常不文明、不卫生的做法。

正确的操作方法，应该是生、熟分开单放、专用，包括原料、用具、餐具及冰箱等。只有这样，才能保证用餐的安全卫生。

高脚杯隔热好

急火快炒　细菌隐藏

急火快炒一般都是饭店为了出菜快采用的方法，同时由于蔬菜在锅中烹炒的时间短，菜肴的色泽也会因为所失去的水分少而变得美观。但是，急火快炒的最大隐患就是不能充分地杀死细菌和破坏有害毒素。特别是对于一些冷冻类的食品，如果采用急火快炒的方法，往往不能使食物原料充分受热，很有可能做出的饭菜夹生。如今有的家庭在做菜时也采用这种急火快炒的方法，以显示自己的厨艺"精湛"，实在是得不偿失。比如豆角就需要充分的烹煮，否则豆角中的皂素、植物血凝素就不能被破坏，食用后会使人中毒。

急火快炒不可学，烹熟炒透最安全。对肉类食品更应该用炖煮的方式杀灭细菌。

火候不分　失去营养

火候是油、盐、酱、醋之外的另一种调味品，是姜葱椒蒜之外的另一种佐料。火候不当不仅会失掉食品应有的风味，而且还会破坏营养成分。

例如，有的人喜欢吃焖煮的食物，无论是肉类还是绿叶蔬菜，都长时间地把它们焖在锅里烹煮，这种烹调方法是很不正确的。因为绿叶蔬菜里都有不同含量的硝酸盐，如果焖煮时间过长，硝酸盐就会还原为亚硝酸盐，食用后可使人引起中毒反应——亚硝酸盐进入血液后，会把低铁血红蛋白氧化成高铁血红蛋白，从而使其失去携氧和运送氧气的能力。食用量少者会使人感到周身不适，乏力气短，多者则会出现皮肤、胃黏膜青紫，严重时还会使局部组织因缺氧而"窒息"。因此，绿叶蔬菜不宜长时间焖煮。

其他食品的烹调用火也很关键，是把握食品质量的重要环节。但因此类事宜较多，此处就不再一一叙述。为此，我特别编写了一本烹调与用火的图书——《火候》，最近已由广西科学技术出版社出版发行，以便广大读者阅读和参考。

搭配不当　危害健康

食物不仅有热性和凉性之分，而且也有含碱性食物和含酸性食物的区别。日本专家研究发现，人如果一天能吃30种以上食物，就能常年不生病，保持健康的体魄。但是，在现实生活中，我们却时常都能看到有的人总是不吃这，不吃那，甚至连传统食品——水饺也不愿吃，总是挑食挑餐。长此以往，势必因饮食不当，导致营养失衡、危害健康。

酸性食物在人体内积蓄多了，就会出现病变，甚至生长肿瘤，损坏身体。酸碱本身有中和作用，人体内若实现酸碱平衡，便可以达到养生保健的作用，但若酸性高而碱性低就容易得病，常见的肿瘤——气滞血瘀，就是酸性物质过多导致的。所以，若能常吃些碱性食物，就势必会减少器官对酸性的负担，从而降低患上肿瘤的可能性。

米、面、肉、蛋、油、糖、酒等都属于酸性食物，进食过多，会使血液偏向酸性，导致酸性体质，酸性体质一般表现为免疫能力下降，容易患病。据统计，有61.8%的疾病缘于酸性体质。所以，应该多吃些碱性食物，使血液保持正常的微碱性。碱性食物主要有海带、食用菌、蔬菜和水果等，每次进食量应占膳食总量的70%以上。同时，水也可分为酸性和碱性，若能常喝一些弱碱性的水，对人体健康将会更有益。

所以，只有保持酸碱平衡，人体才会更加健康。

海鲜＋维 C = 砒霜

据报道：不久前，台湾地区一位女士暴毙，参加尸检的专家认为，她的死因很可能是晚餐吃了大量的虾，同时又服用了大量的维生素 C。

专家指出：大量的海鲜＋大量维生素 C = 砒霜。

据营养学专家讲，多种海产品体内均含有化学元素——砷，一般情况下，海产品的砷含量很小，但由于日益严重的环境污染，可能会使这些动物体内砷的含量达到较高水平。同时，再加上高剂量的维生素 C，即一次性摄入维生素 C 超过 500 毫克，就有可能和体内的砷发生复杂的化学反应，从而变为有毒的三价砷，也就是我们常说的"砒霜"。当三价砷达到一定剂量时，就会导致人体中毒。

但从另一方面讲，蔬菜和水果中都含有大量的维生素 C，我们在吃海鲜的时候免不了吃些青菜水果，这样的吃法会不会有危险呢？

其实，大家不必过分担心。据有关专家解释说，虾体内的砷由无害向有害"转化"的过程需要大剂量维生素 C 的参与，只有在大量吃虾特别是可能被严重污染的虾，同时又一次性服用了 500 毫克以上的维生素 C，才可能会导致"砒霜"中毒。把这个剂量和食物的量来换算，就是一次性摄入 50 个中等大小的苹果，或者 30 个梨，或者 10 个橙子，或者生吃 1.5 公斤以上的绿味蔬菜，才算是大剂量摄入维生素 C。如果这些食物再经过加热、烹调等一系列的操作过程，食物中的维生素就会大打折扣。因此，在吃虾的同时食用水果或青菜，只要不超过上述的量是没有危险的。但在服用浓缩片剂维生素 C 时，就应该特别注意其含量了。

最后，专家还提醒人们：服用维生素 C 并非越多越好，如果一次性服用维生素 C 超过 400 毫克或每日服用总量超过 600 毫克，不但不会增加药效，提高吸收率，而且还会导致结石，使一些疾病的症状加重。

合理搭配饮食，调整荤素、软硬、动植物的比例，才是身体健康的关键。

凉水下锅　蒸食先放

在蒸饭加热食品时，为了省火、省时，锅凉时就把要烹煮的食物放入锅内，是一个严重的错误。

在烹煮食品时，将凉水锅里放上食品，再烧火加热，在水不断升温的同时，食物中的细菌也在以最快的速度进行繁殖，所以在没开锅之前，食品便已经变质了。因此，蒸出的食物往往会变味、变色。

正确的方法是：先将锅内的水烧开，等达到100℃以上后，再将要烹煮的食物放入锅内，加盖。根据不同的原料、食物，烹煮的时间掌握在5～15分钟即可。例如：清蒸鱼500克左右只需7分钟，春卷只需5分钟，包子或馒头在15分钟左右。掌握好火候既能保持营养和风味特色，又能保证食品的色泽、外形美观。

先切后洗 实不得当

蔬菜瓜果是我们日常生活中常用的烹饪的原料，它含有丰富的维生素和糖分，这些营养成分正是我们饮食所需要的有效营养物质。在切菜时，一些家庭主妇为了便于清洗蔬菜，喜欢把菜先切后洗，殊不知这是一个严重错误。

切好的蔬菜，再用水冲洗或浸泡，如土豆、蘑菇等块茎类蔬菜切配好后浸泡在水中，以为这样做省时省力，其实这种做法是不科学的。蔬菜中含有大量的维生素，经过刀工切配后，保护这些维生素的细胞膜已经遭到严重的破坏，如果再浸泡在水中就会使蔬菜中的营养成分大量地流失，等于是捡了芝麻丢了西瓜。

饮食中营养最重要，我们应该把健康饮食放在第一位，先洗后切才是正确的方法。

长久浸泡 多失营养

先切后洗是不正确的操作方法，而将食物原料长时间浸泡在水中，甚至有的人中午切好的蔬菜，放到水盆里泡到晚餐时再烹调，或是将蘑菇、木耳、海产品等长时间在水中浸泡，也会损失食物中的营养成分。在浸泡过程中，蔬菜含有的多种维生素、无机盐都会溶入水，而且在夏季若浸泡时间过长还会使食物变质，产生有害成分。所以，这种操作方法对健康十分不利。

正确的方法是先将蔬菜整棵或整片进行清洗消毒，接着用清水冲洗后再切配，然后进锅烹炒。如果短时间不用可以晾好，烹调前再切配。

反复加热剩饭菜　其实营养早破坏

相对于一些年轻人大手大脚地浪费粮食，多数老年人会表现出另一种极端，就是剩菜剩饭热了好几遍，放了好几天也舍不得扔。如今，在医院门诊室，由于吃剩菜剩饭而导致胃肠道疾病发作的老年人很多，轻则头晕、心慌，重则呕吐、腹泻，有的还会因此而引发别的疾病。

所以，作为老年人应注意以下事项：

1. 蔬菜最好不要打包回家。吃剩的蔬菜经过长时间盐渍后，在反复加热时，表面的盐分会变成亚硝酸盐，最容易使人中毒。

2. 打包回家的富含淀粉的食品如年糕等，在没有变味的情况下食用后身体也可能产生不良反应。原因在于它们易被葡萄球菌寄生，而这类细菌的毒素在高温加热下也不会分解，解决不了变质问题。所以富含淀粉类食品最好在 4 小时内吃完。

陈旧观念不改变　感冒进补人参片

很多人认为感冒时需要一些食补和药补，这样身体才能早日康复，其实这是大错特错，一旦进补，往往会加重病情。

人在患感冒时，免疫系统功能下降，自身各器官功能都受影响，特别是呼吸道和消化道最为明显。如果在感冒期间服用人参，就会引起食欲不振、胸满腹胀、咳嗽剧烈、夜不能眠、烦躁不安，还会引起牙龈、鼻腔等处出血，这主要是因为人参含有人参皂甙及兴奋剂，能刺激心脏，提高心肌收缩力的缘故。此外，补品在人体内产生较高的热量和能量，可使患者体温升高，促进病菌生长繁殖，导致感染程度加重和炎症扩散，从而加重病情。

所以，在患感冒时一定要改变进补的陈旧观念，既然是体质问题，建议进行适当运动，以提高免疫力，有效预防感冒和上呼吸道感染。

认准豆制品　省钱又白嫩

豆制品虽然营养丰富，但也并非人人皆宜。

有关实验证明，过量摄入黄豆蛋白质可抑制身体的正常吸收，甚至还会出现不同程度的头晕、疲倦等贫血症状。因此，豆制品虽营养丰富，但也不是"韩信点兵，多多益善"，美味不可贪，要适可而止。

如果食用过多的豆制品，人体极容易产生以下几种问题：

引起消化不良。豆腐中含有极为丰富的蛋白质，一次食用过多不仅阻碍人体对铁的吸收，而且容易引起蛋白质消化不良，出现腹胀、腹泻等不适症状。

导致碘缺乏。制作豆腐的大豆含有的皂角甙，它不仅能预防动脉粥样硬化，而且还能加速体内碘的排泄。长期过量食用豆腐很容易引起碘缺乏，导致碘缺乏病。

抑制铁吸收。实验证明，过量摄入黄豆蛋白质可抑制正常铁吸收量的

90%，从而出现缺铁性贫血，表现出不同程度的头晕、疲倦等贫血症状。

促使痛风发作。豆腐含嘌呤较多，嘌呤代谢失常的痛风病人和血尿酸浓度增高的患者多食易导致痛风发作，痛风病患者尤其要少食。

促使动脉硬化形成。豆制品含有极为丰富的蛋氨酸，蛋氨酸在酶的作用下可转化为半胱氨酸。它会损伤动脉管壁内皮细胞，使胆固醇和甘油三酯沉积于动脉壁上，导致动脉硬化形成。

促使肾功能衰退。在正常情况下，人吃进体内的植物蛋白质经过代谢，最后大部分成为含氮废物，由肾脏排出体外。人到老年，肾脏排泄废物的能力下降，此时若不注意饮食，大量食用豆腐，摄入过多的植物性蛋白质势必会使体内生成的含氮废物增多，加重肾脏的负担，不利于身体健康。

爆炒凉拌菜　畅饮挺痛快

在炎热的夏季，有时老年人也爱吃一些冷饮和冷食，其实这是很不好的。因为冰镇食品入胃后，会导致胃液分泌下降，容易引起胃肠道疾病，甚至会诱发心绞痛和心肌梗塞，对患心血管疾病的老年患者尤为不利。再加上喝一些经过冰镇的啤酒，老年人的肠胃受到冰冷食物的刺激，极容易造成腹痛、腹泻，老年人应尽量不吃冷食和冷饮。以热食为主。

认识片面听悠悠　错误饮食饭难做

1. 蛋黄含有胆固醇——不吃。不管是鸡蛋还是鸭蛋，营养丰富，是一种理想的天然"补品"。可是，在相当长的一段时间里，却有相当数量的人认为，蛋黄含胆固醇高，是造成高血压、动脉粥样硬化、冠心病、脑中风等疾病的元凶，特别是有的老年人，视蛋类如炸弹，吓得不敢吃蛋。

其实，人体是缺少不了胆固醇的，胆固醇是人体生命活动的必需物质。

美国科学家经过长期观察还发现，过分强调降低胆固醇水平，会使人体的胆固醇量过低，易诱发人体亚健康，导致多种致命性疾病。同时，胆固醇还是合成维生素的重要原料。如果人体缺少胆固醇，骨骼不能进行正常的发育。特别是婴幼儿，很容易罹患佝偻病。此外，胆固醇还是合成胆汁酸的原料。如果胆汁酸合成不足，脂肪消化吸收就会受阻，疾病也会随之而来。

所以，胆固醇并不是不好，而是人体非常需要，只要适量便可。

2. 肥肉能发胖——不吃。如今，"谈胖色变"已成为不争的事实，人们似乎都得了一种"恐胖症"，只要一见到与肥胖有关联的东西就会避而远之。一些人为了健美或是害怕肥胖给健康带来危害，特别是女性为了美丽而拒绝进食任何带有脂肪字眼的食物，对肥肉更是如临大敌，仇恨入骨。其实，肥胖并不一定就是因为吃了肥肉所导致的，而"三白食品"，即白米、白面、白糖，才是肥胖的根源。如果人们因为在词意上脂肪与肥胖有关联，而拒食脂肪，就会造成营养不够全面，如人体所必需的元素之一——钙在植物性食物中的含量可以说是寥寥无几。因此，一点不吃带脂肪的肉是不利于健康的。

3. 西药能治病——猛吃。"是药三分毒"这是我国中医学自古以来给人的告诫。无论中药还是西药，都带有一定的副作用，如果人们认为西药好，就猛吃，势必会对健康造成危害。如：各种抗生素对肝肾功能的直接伤害，激素类药物会导致相应的脏腑功能受到抑制，造成患者内分泌严重失调，而终生依赖药物等。所以，药物的无节制使用，往往会造成人体自身功能的抑制，破坏和抑制人体自身修复疾病的康复功能。尤其令人担忧的是，一代人的功能退化还会经遗传贻害于我们的子孙后代，造成人类整体物种对疾病的康复功能全面退化。所以，不要认为西药治病快，就猛吃、多吃，而应该是少吃或不吃为好。

4. 喝水多小便——不喝。有些老年人担心小便过多，影响自己的起居生活，于是不敢吃稀的，饭后不敢喝水，这是不对的。喝水过少的危险性是极大的，当人感觉口渴时，其身体的水分已经缺失很久，再强忍不去喝水，会导致血液的黏稠度变大，特别是老年人血液中普通带有血栓，就可能导致中风、心肌缺血等病症，更严重者还可导致死亡。

5. 洗澡皮肤干——不洗。洗澡后，皮肤发干，可能每一个人都碰到过。而有的人却因为害怕皮肤干燥，坚决拒绝洗澡，这是极不正确的。

只要人活着，皮肤与身体各个组织器官一样，就不停歇地进行新陈代谢。皮肤每天要脱落成千上万的腐朽、死亡的角化上皮细胞。此外，皮肤每天还要排出 500 毫升~600 毫升的水，同时也要排出少量油脂。由于这些油脂的存在，外界的尘土和污物就会沉积在皮肤表面，使皮肤成为一个藏污纳垢的"垃圾场"。而洗澡正是对这些"垃圾"进行清除的最好办法。同时，洗澡还可消除疲劳，起到镇静、止痒、止痛、抗过敏作用。

如果在北方，冬天室内湿度小，确实容易皮肤干燥。我们可以用以下方法应对：

可选用滋养型的浴液；用毛巾轻轻拍干水分，在皮肤没有完全干透的时候马上涂润肤霜，否则水分的蒸发会把身体里原有的水分也带走，会感觉更干；平时多喝水，补充体内水分的流失；搓澡的力度不要太大，因为新陈代谢是有周期的，半个月搓洗一次便可足矣。否则，会伤害新生的皮肤，而导致皮肤干燥。

第六章

孕妇饮食的境界

众所周知，孕妇的营养状况，对于妊娠过程、胎儿及婴儿生长发育都起着至关重要的作用。妊娠是复杂的生理过程，孕妇在妊娠期间需进行系列生理调整，以适应胎儿在体内生长发育、吸收母体营养和排泄废物。

注意生育膳食结构

合理的饮食对孕妇的健康和胎儿的发育至关重要，氨基酸是早期胚胎发育所必需的，因此，孕妇每日应摄入 40 克的蛋白质，还应该食用易吸收利用的畜禽肉类、乳类、蛋类、鱼类及豆制品类。另外，孕早期妇女应摄入 150 克以上的碳水化合物、足够的维生素 B_1、B_2、B_6 和维生素 C，以及适量的锌、铜，以提供胎儿肌体和骨骼形成所必需的各种元素，加强母体的新陈代谢，确保胎儿正常生长。

女性三期忌吃素。妇女由于其特殊的生理特点，在其一生中至少有三个时期不宜吃素：

1. 性成熟发育期的女孩，经久素食致雌激素水平过低，导致第二性征发育不良或发育延迟，有碍女性乳房、性腺的发育并能影响音色功能及体态美。

2. 育龄期妇女，若常吃素可致雌激素水平降低而导致孕育障碍。

3. 更年期妇女，由于卵巢萎缩，雌激素分泌量已缺乏或分泌"终结"，此间如若经久素食，其发生"更年期综合征"的症状尤为明显。雌激素水平减少极易发生骨质疏松，为骨折埋下"祸根"。

孕育饮食 母子双重

为了孩子未来的健康，自然要保证充足的营养，不过现在各种营养保健品的质量真可谓良莠不齐，购买时一定要慎重。但在家中为孕妇做一桌营养餐却相对简单得多，因为孕妇的饮食是双重性，母亲进食的好坏也就是宝宝营养吸收的好坏。所以，这一餐既要有补充微量元素及维生素的，也要有增强免疫力的，还要有提高孩子智力的等。

因此，孕妇摄入的营养应丰富全面，以满足母子的双重需要。

孕前三戒 排毒优生

不打无把握之仗，不打无准备之仗，有备才能无患，做好怀孕前的准备，对优生优育十分重要。

女人的排卵周期是一个月一次，而男人的精液的生成周期是 72 天，因此准备怀孕的前三个月就应该做准备。提出以下三点关键事项，供读者朋友参考。

1. 三戒。即戒烟、戒酒、戒药品。香烟含的尼古丁、焦油、二氧化硫等都是影响胎儿正常发育的有害毒素，有吸烟习惯的夫妻怀孕前三个月开始戒烟；酒中的乙醇、酒精等对精液和胎儿的影响很大，直接刺激宝宝的大脑和智商。感冒药、止痛药、避孕药等，药中的毒副作用都会直接影响胎儿的发育，因此从怀孕的前三个月开始什么药都不要吃，吃什么药都会影响下一代人的健康！

2. 隔房。年轻的夫妻结婚头两年激情高，热情大，精血损耗严重，要计划怀孕时应提前隔房，养精蓄锐，保证有一个健康强壮的精子怀孕，女人也应适当增加体重，增强体质，保证有一个颗粒饱满的卵子，精子强壮，卵子饱满，这样的受精卵才能孕育出健康的子女。

3. 排毒。人体内的自由基因、毒素、毒垢是客观存在的，要想调养好自己的身体，首先要清除体内的垃圾，古人讲：一清、二调、三补。清除体内的垃圾就是排毒，平时多吃蔬菜、水果，适量喝水，喝茶控制饮食是日常排毒不能忽视人的，而在怀孕前双方集中一次，强制排毒、排除体内五脏六腑中的毒垢十分有必要。

孕前注意饮食　宝宝健康成长

现代科学表明，夫妇经常通过体育锻炼保持身体健康，能为下一代提供较好的遗传素质，特别是对下一代加强心肺功能的摄氧能力、减少单纯性肥胖等遗传因素能产生明显的影响。孕前身体素质调养方式，关键的是夫妇要经常坚持进行健身活动，包括健美运动和有益于健身的艺术活动。若一味地沉浸于自我封闭式的新婚生活，无节制地纵欲则是重要的"禁忌"。所以，保持健康的精神状态是身体素质向正常发展的"精神卫生"

条件，此点万万不可忽视。

在孕前，夫妇锻炼的时间每天应不少于 15 ~ 30 分钟。一般适宜在清晨进行，锻炼的项目可为慢跑、散步、做健美操等，并坚持做班前操、工间操，在节假日还可以从事登山、郊游等活动。

在生活上，尽量规律化，起床、睡觉、运动、上班、工作，最好做规则而有内容的安排。这样的生活容易使心情平静，会增加受孕几率，养出脾气好、风度从容的孩子。

再者，就是要保证充足的睡眠。休息为了走更长远的路，充足的睡眠可使人身心健康，但睡眠也因人而异，应以睡到自然醒，且醒后不觉得累为宜。

应当注意的是，这些活动千万不要因为新婚后的家务负担的加重而间断。

科学饮食。孕妇饮食应有所节制，不要暴饮暴食，不吃过于油腻的食物，控制动物性食品的摄入量，适当活动。肥胖症、水桶腰不是孕妇的专利，孕妇应吃低糖、低热量的食物，保持营养平衡，保持健康的体魄。

孕妇的饮食原则如下：

多摄入蛋白质

蛋白质是婴幼儿的生命基础，摄入不足就会给健康和生长发育带来严重的障碍。蛋白质含量丰富的食品有瘦肉、肝、鸡、鱼、虾、奶、蛋、大豆及豆制品等，其摄入量宜保持在每日 80 克 ~ 100 克。

保证充足的碳水化合物

这类食品包括五谷和土豆、白薯、玉米等杂粮。

保证适量的脂肪

植物性脂肪更适应孕妇食用，如豆油、菜油、花生油和橄榄油。

适量增加矿物质的摄取

矿物质包括钙、铁、锌、铜、锰、镁等，其中钙和铁非常重要。食物中含钙多的是牛奶、蛋黄、大豆和蔬菜。

补充维生素

蔬菜和水果富含各种维生素，孕妇应多吃。但一定要注意蔬菜必须新鲜，干菜、腌菜和煮得过烂的蔬菜中，维生素大多已被破坏。

少食刺激性食物

如辣椒、浓茶、咖啡等，不宜多吃多饮；其次，过咸、过甜及过于油腻的食物也不适合孕妇食用，更绝对禁止饮酒和吸烟。

食物要易于消化

馒头、蛋糕、米饭或小米稀饭等食物容易消化，在胃内滞留时间短。食用这类食物可减少呕吐发生。

少食多餐

少食多餐可避免胃太空或太饱，时间不必严格规定。

相关知识

江湖厨师　味精帮忙

味精，其化学成为为谷氨酸钠。由于谷氨酸钠进入人体后能参与机体细胞内氨基酸、蛋白质及碳水化合物的代谢，促进氧化过程，故能改善神经系统的功能。而一些餐厅的江湖厨师不懂调味的技巧，只一味地依赖味精帮忙，在食物中加入过多的味精，这是极其有损健康的，特别是对儿童健康更有害。因为味精食后被肠道吸收进入血液，能与血液中的微量元素锌化合转化为谷氨酸锌而排出体外，儿童若经常摄入过多的味精，日积月累则会导致锌缺乏。

炒菜时先放味精、多放味精还会使味精糊化，转化成致癌物，有损健康。

做健康的中国人 健康是财富

医学心理学研究表明，心理疲劳是由长期的精神紧张、压力过大、反复的心理刺激及复杂的恶劣情绪逐渐影响而形成的，如果得不到及时疏导和化解，长年累月，在心理上会造成心理障碍、心理失控甚至心理危机，在精神上会造成精神萎靡、精神恍惚甚至精神失常，引发多种心身疾患，如紧张不安、动作失调、失眠多梦、记忆力减退、注意力涣散、工作效率下降等，以及引起诸如偏头痛、荨麻疹、高血压、缺血性心脏病、消化性溃疡、支气管哮喘、月经失调、性欲减退等疾病。

心理疲劳是不知不觉潜伏在人们身边的，它不会一朝一夕就置人于死地，而是到了一定的时间，达到一定的"疲劳量"，才会引发疾病，所以往往容易被人们忽视。

当"疲劳量"还不足以引发明显的疾病，而个人又处于身心不愉快的状态时，人就是处在亚健康状态。

"亚健康"是指介于健康与疾病之间的边缘状态，又叫慢性疲劳综合征或"第三状态"。它在世界很多国家和地区广泛存在，已成为国际上医学研究的热点之一。

医学调查发现，处于"亚健康"状态的患者年龄多在20～45岁之间，且女性占多数，也有老年人。它的特征是患者体虚困乏易疲劳、失眠及休息质量不高、注意力不易集中，甚至不能正常生活和工作……但在医院经过全面系统检查、化验或者影像检查后，往往还找不到肯定的病因所在。

有关资料表明：美国每年有600万人被怀疑患有"亚健康"。澳大利亚处于这种疾病状态的人口达37%。在亚洲地区，处于"亚健康"疾病状态的比例则更高。有资料表明，不久前日本公共卫生研究所的一项新调研发现并证明，接受调查的数以千计员工中，有35%的人正忍受着慢性疲劳综合征的病痛，而且至少有半年病史。在中国的长沙，对中年妇女所做的一次调查中发现60%的人处于"亚健康"疾病状态。另据卫生部对10个城市的工作人员的调查，处于"亚健康"的人占48%。据世界卫生组织统计，处于"亚健康"疾病状态的人口在许多国家和地区目前呈上升趋势。有专家预言，疲劳是21世纪人类健康的头号大敌。

世界卫生组织提出"健康是身体上、精神上和社会适应上的完好状态，而不仅仅是没有疾病和虚弱"。近年来世界卫生组织又提出了衡量健康的一些具体标志，例如：精力充沛，能从容不迫地应付日常生活和工作；处事乐观，态度积极，乐于承担任务不挑剔；善于休息，睡眠良好；应变能力强，能适应各种环境的变化；对一般感冒和传染病有一定抵抗力；体重适当，体态匀称，头、臂、臀的比例协调；眼睛明亮，反应敏捷，眼睑不发炎；牙齿清洁，无缺损，无疼痛，牙龈颜色正常，无出血；头发光洁，无头屑；肌肉、皮肤富弹性，走路轻松。

世界卫生组织提出了人类新的健康标准。这一标准包括肌体和精神健康两部分，具体可用"五快"（肌体健康）和"三良好"（精神健康）来衡量。

"五快"是指：

吃得快：进餐时，有良好的食欲，不挑剔食物，并能很快吃完一顿饭。

便得快：一旦有便意，能很快排泄完大小便，而且感觉良好。

睡得快：有睡意，上床后能很快入睡，且睡得好，醒后头脑清醒，精神饱满。

说得快：思维敏捷，口齿伶俐。

走得快：行走自如，步履轻盈。

"三良好"是指：

良好的个性人格。情绪稳定，性格温和；意志坚强，感情丰富；胸怀坦荡，豁达乐观。

良好的处世能力。观察问题客观、现实，具有较好的自控能力，能适应复杂的社会环境。

良好的人际关系。助人为乐，与人为善，对人际关系充满热情。

健康是人类生存发展的要素，它属于个人和社会。以往人们普遍认为"健康就是没有病的，有病就不是健康"。随着科学的发展和时代的变迁，现代健康观告诉我们，健康已不再仅仅是指四肢健全，无病或虚弱，除身体本身健康外，还需要精神上有一个完好的状态。人的精神、心理状态和行为对自己和他人甚至对社会都有影响，更深层次的健康观还应包括人的心理、行为的正常和社会道德规范，以及环境因素的完美。可以说，健康的含义是多元的、相当广泛的。健康是人类永恒的主题。（玉泉医院杨华清发表）

健康的定义

1. 世界卫生组织关于健康的定义

世界卫生组织关于健康的定义："健康乃是一种在身体上、精神上的完满状态，以及良好的适应力，而不仅仅是没有疾病和衰弱的状态。"这就是人们所指的身心健康，也就是说，一个人在躯体健康、心理健康、社会适应良好和道德健康四方面都健全，才是完全健康的人。有人对这几方面的健康做了如下解释。

躯体健康：一般指人体生理的健康。

心理健康：一般有三个方面的标志：

第一，具备健康的心理的人，人格是完整的，自我感觉是良好的。情绪是稳定的，积极情绪多于消极情绪，有较好的自控能力，能保持心理上的平衡。有自尊、自爱、自信心以及有自知之明。

第二，一个人在自己所处的环境中，有充分的安全感，且能保持正常的人际关系，能受到别的欢迎和信任。

第三，健康的人对未来有明确的生活目标，能切合实际地、不断地进取，有理想和事业的追求。

社会适应良好：指一个人的心理活动和行为，能适应当时复杂的环境变化，为他人所理解，为大家所接受。

道德健康：最主要的是不以损害他人利益来满足自己的需要，有辨别真伪、善恶、荣辱、美丑等是非观念，能按社会认为规范的准则约束、支配自己的行为，能为人的幸福做贡献。

2. 我国学者穆俊武提出的健康定义

我国学者穆俊武提出的健康定义："在时间、空间、身体、精神、行为方面都尽可能达到良好状态。"他对此的解释如下：

时间概念。是指个人或社会发展的不同时期对健康不能用同一标准来衡量。不能把健康看作是静止不变的东西，应理解为不断变化着的概念。他认为"世界卫生组织的健康定义对个人或社会来说，过去是否有过或将来是否有'身体、精神、社会都处于完好的'短暂状态是值得怀疑的。那恰恰不是也不可能是生活方式。"新的健康概念强调时间的重要性，即健康概念的相对性。

空间概念。不同地区、不同国家的人，有着各不相同的健康概念和健康标准。这并不意味着没有一个可供人们遵循的健康概念。应分为区、国家的不同，尽可能达到各自的良好状态。人们对保健的需要在发达国家和不发达国家不同。作为健康教育者，应根据空间来制定保健行为。健康不是由主观或客观的东西来决定。有些结核病人，没有自觉症状，而胸部 X 光发现有结核病变；一些精神病患者，本人没有意识到患病，而是周围人发现他有病；有许多就诊患者认为自己不健康，而多方面检查并未发现异常。对这些目前没有一个标准来区分。我们不妨从身体、精神、行为等角度，把主观表现，客观征象结合起来去探求健康概念。身体、精神概念较易理解。行为，是一个人在社会生活中对赋予的责任和义务所采取的动态和动机。行为表现为社会性，每个人的行为必然受到他人的影响。健康是个体概念。

我们在考虑健康时必须区分是群体的健康还是个人的健康。群体的健康是采用统计学上的平均值，即在一定范围内某一个时期的健康应为正常值，偏离了就不正常；但是，偏离了正常值对于个人来说就不一定不健康，作为个人，健康的标准是一个人特有的。个体健康是现实的，群体的健康是理想的。此外，我们必须结合世界卫生组织宪章和 2000 年人人享有卫生保健的要求，从国际社会的高度来认识，享受最高标准的健康被认为是一种基本人权；健康是社会发展的组成部分；健康是对人类的义务，人人都享有健康平等的权利。

关注能量　学会自测

我们无论是在睡觉、吃饭、运动、学习的时候还是安静的时候都需要消耗能量，能量是人类赖以生存的物质基础。而我们的能量来自于食物，食物就像燃料，用来维持生命的过程。人每天都要摄取一定量的食物以维持生命和从事各种活动。

当今发展中国家患病和死亡的主要原因是营养不良，全世界约有 4 亿人存在营养不良。而在发达国家，主要的营养问题是饮食过度，由于过量的膳食能量和脂肪的摄入，使得一些代谢性疾病的发生率异常升高。无论是营养不良还是饮食过度，都是能量不平衡的表现。特别是饮食过度，现代化和技术进步带来了这些所谓的富贵病——肥胖、非胰岛素依赖型糖尿病、高血压和高血脂。

人体能量的需要量实际就是能量的消耗量，如果能量摄入和消耗基本持平，成人的体重维持不变，儿童、青少年机体能正常生长发育；能量摄入不足导致机体发育迟缓，抵抗力弱；而能量摄入超过消耗量，轻则引起身体发胖，体态臃肿，重则引起高血压、冠心病及糖尿病等。

所以认识能量、认识能量摄入与消耗、认识能量平衡和学会测定人体能量需要量，对保持身体健康有重要意义。

科学饮食防百病，读者要想更多地了解此类知识可以阅读《健康飞

《船》一书，此书由中国社会出版社出版发行。

身高、体重、职业标准体重、营养状况、劳动强度一天所需能量、每餐所需能量、一天三大营养素需要量能量自测步骤：

第一步：了解自己身高，身高 – 105 = 理想体重

第二步：（理想体重 – 实际体重）/实际体重 × 100% = AA ± 10% 之间为标准体重；10% < A < 20% 为超重；A > 20% 为肥胖；A < 10% 为消瘦；

第三步：关于每日能量的计算

第四步：了解每日蛋白质、脂肪、糖类的标准摄入量能量测算指导案例

例：薛某，女，24 岁，职员，身高 166 厘米，体重，56 千克。

能量检测：

此人的理想体重就是 166 – 105 = 61（千克）。

（56 – 61）/61 × 100% = – 8.2% 在理想体重的 ± 10% 之间，因此属于标准体重。

每日所需营养计算：

热量：35 ~ 40 × 61 = 2135 ~ 2440 千卡，取中间值 2250 千卡蛋白质给予总能量的 15%，脂肪 25%，碳水化合物 60% 蛋白质：2250 × 15% ÷ 4 = 84.4（克）脂肪：2250 × 25% ÷ 9 = 62.5（克）碳水化合物：2250 × 60% ÷ 4 = 337.5（克）。

一日三餐每餐所需能量的计算三餐能量配比为早、中、晚分别为 30%、40%、30%，计算此人每餐能量为：

早、晚　2250 × 30% = 675（千卡）

中午　2250 × 40% = 900（千卡）

人类会衰老 有个时间表

英国科学家揭秘人体器官衰老时间表人类大脑20岁开始衰老。

最近英国研究人员确认了人体各个部位在同时光较量中开始败下阵来的年龄。《信息时报》今天报道说，研究显示大脑在20岁就开始衰老，眼睛和心脏的衰老年龄则为40岁。以下就是人体一些器官的衰老退化时间表。

大脑。自20岁起神经元减少，随着年龄越来越大，我们的大脑中神经细胞（神经元）的数量逐步减少。我们降临人世时神经细胞的数量达到1000亿个左右，但从20岁起开始逐年下降。到了40岁，神经细胞的数量开始以每天1万个的速度递减，从而对记忆力、协调性及大脑功能造成影响。

乳房。从35岁开始衰老，女人到了35岁，乳房的组织和脂肪开始丧失，大小和丰满度因此下降。从40岁起，女人乳房开始下垂，乳晕（乳头周围区域）急剧收缩。尽管随着年龄增长，乳腺癌发生的概率增大，但是同乳房的物理变化毫无关联。

肾。50岁开始老化，肾过滤量从50岁开始减少，肾过滤可将血流中的废物过滤掉，肾过滤量减少的后果是，人失去了夜间憋尿功能，需要多次跑卫生间。75岁老人的肾过滤血量是30岁壮年的一半。

肺活量。肺活量从20岁起开始缓慢下降，到了40岁，一些人就出现气喘吁吁的状况。部分原因是控制呼吸的肌肉和胸腔变得僵硬起来，使得肺的运转更困难，同时还意味着呼气之后一些空气会残留在肺里，导致气喘吁吁。

心脏。从 40 岁开始老化，随着身体日益变老，心脏向全身输送血液的效率也开始降低。45 岁以上的男性和 55 岁以上的女性心脏病发作的概率较大。

肝脏。到 70 岁才会变老，肝脏似乎是体内唯一能挑战老化进程的器官，因为肝细胞的再生能力非常强大。如果不饮酒、不吸毒，或者没有患过传染病，那么一个 70 岁捐赠人的肝也可以移植给 20 岁的年轻人。

肠。从 55 岁开始衰老，健康的肠可以在有害和"友好"细菌之间起到良好的平衡作用。肠内友好细菌的数量在我们步入 55 岁后开始大幅减少，这一幕尤其会在大肠内上演。结果，人体消化功能下降，肠道疾病风险增大。随着我们年龄增大，胃、肝、胰腺、小肠的消化液流动开始下降，发生便秘的几率便会增大。

根菜剥皮　理所应当

蔬菜分为果实类、茎叶类、根系类。根系类蔬菜又称为根菜，土豆、红薯、姜、洋葱、大蒜等都属于根茎类蔬菜，其主要食用部分是长期生长在土壤里的根系部分。一些菜农为了使蔬菜丰收，在种植时大多都会添加猪粪、鸡粪等有机肥料做底肥，而且在生长过程中，还会大量地用人类尿液进行追肥，因而这类蔬菜的表面也粘附了许多细菌，如果烹调时不把皮去除，就很有可能将细菌及病毒带入人体，导致病从口入，损害身体。

因此，在食用根茎蔬菜时，必须剥皮，以确保卫生健康。

调料乱放　有损健康

调味品有三大部分组成：一是植物的花、叶或种子；二是经加工而成的化学剂；三是天然矿物质。

对于某些食物来讲，利用唯物主义辩证论方法，其自身对人体有一利，必然也有一害。与此类同，调味品也是如此。例如，胡椒、桂皮、丁香、小茴香、生姜等天然调味品具有一定的诱变性和毒性。若饮食中喜爱厚重之味，大量使用调味品，便有致人体细胞畸形、形成癌症的可能，更甚者还会诱发高血压、胃肠炎等多种疾病。

调味品的使用，在用量、搭配及放入的火候上，都有一定的学问。

例如，酱油是烹制菜肴时不可缺少的调味品，优质酱油不但能产生鲜味，而且含有一定的营养。经化验分析表明：酱油不但含有 8 种人体必需的氨基酸，而且还含有糖分、维生素 B_1、维生素 B_2，以及锌、钙、铁、锰等多种人体所需的微量元素。但是，若过早地将酱油放入菜锅内，酱油经高温久煮，氨基酸的成分就会遭到破坏，失去鲜味，同时酱油中的糖分也会因高温加热焦化，使菜肴口味变苦。所以，炒菜放酱油的最佳时机是在菜接近炒好、将出锅之前，这时放酱油才能起到调味、调色的作用，并能保持酱油的营养价值，以及鲜美的滋味。

再比如，酸性调料与碱性调料一起使用，就会引起它们之间的中和反应，而达不到应有的效果。

烹调是一门大学问，多看、多学、多操作，就能做出美味可口的健康食品。

铝锅煮饭　不宜久放

据统计，现代人的铝厨具的使用量已超过了 95%。铝锅、铝壶、铝盆等铝或铝合金制品，都已成为人们必不可少的日用品。铝是一种低毒金属元素，它并非人体需要的微量元素，不会导致急性中毒，但食品中含有的铝超过国家标准就会对人体造成危害。尤其是在炒菜时再加上醋调味，就更加速了铝的溶解。

铝 + 氟化物 = 烹调有害物

铝制品有危害神经的作用，这已被人们所了解。但是，铝是如何溶入食物的呢？

据了解，人体摄入铝后仅有 10% ~ 15% 能排泄到体外，大部分会在体内蓄积，与多种蛋白质、酶等人体重要成分结合，影响体内多种生化反应，长期摄入会损伤大脑，导致痴呆，还可能出现贫血、骨质疏松等疾病，尤其对身体抵抗力较弱的老人、儿童和孕妇产生危害，可导致儿童发育迟缓、老年人出现痴呆，孕妇摄入则会影响胎儿发育。

目前，在斯里兰卡，科学家们从提取的市政供水的水样中发现，如果水中含有氟化物，尽管其含量符合标准，但在这样的水中铝的溶解量却"显著地提高"。另外，在美国《自然》杂志上发表的一篇文章中也称：含有氟化物 1% 的水，放入铝锅内煮沸 10 分钟，水中的游离铝含量就会增长为 0.03%，这可是不含氟化物水中铝含量的 1000 倍啊。如果再延长煮沸的时间，那么溶解在水中的铝将达到 0.06%。由此，科学家们认为，在使用铝厨具时，铝在食物中的溶解率受水质和食物酸化程度的影响最大。

而如今，自来水清毒多使用氯化物，自来水中的氯含量明显过高。所以，正确的做法是用符合标准的水，少用铝锅煮饭、蒸饭，用铝锅蒸饭、煮粥后及时倒出，不在铝锅内过久存放食物。

铜锅绿锈　微波不良

在山东民间，有这样一侧故事：一位在外地做生意多年不回家的丈夫，回家的当天吃了媳妇用铜锅为他炖的老母鸡后，当夜便暴死床头。于是，他的母亲便将媳妇告上了法庭，说是儿媳勾结野男人害死了她的儿子。无形中，演绎了一场新的"窦娥冤"。

铜器有抗氧化、耐腐蚀的作用，但铜制器具长时间未擦洗，就会生出一种对人体有害的化学物质——碱性碳酸铜。而这个故事中的媳妇，用多年或长时间不用的铜锅用来炖鸡，忙乱中又没有将绿锈擦洗干净。绿锈中的氯与食盐中的氯化钠加热后，因化学反应便产生了毒素。这时候铜锈越多，加盐越早，危害就越大。从而，最终致使丈夫中毒而死亡。这就是铜锅炖母鸡致死的科学依据。

现代家庭，一切生活所需的装饰、装修都在追求美观化、高档化，如铜火锅、电饭煲、微波炉等，在这些物品中或多或少都存在着隐患。因为铜器有抗氧化、耐腐蚀的作用，所以大部分厂家也都用铜做了防护层。所以，在烹煮食物时，就应该多加注意了。

同样，微波炉作为一种无火无烟、快速烹调的炊具，近年来也逐渐进入百姓家庭。在享受着微波炉方便快捷的时候，你是否想过微波炉所产生的微波磁辐射会不会危害人体健康呢？毋庸置疑。随着微波技术的广泛应用，如医疗、导航、民用等，微波对人类生活环境的污染，对人体健康的影响，也已经引起了人们的高度重视。

虽然人体接受短时间、小剂量辐射，其影响常为可逆性的，只要脱离后便可完全恢复。但如果受辐射量大，时间较长，即使以后能脱离，其所受的损害也是不易治愈的。因此，为了大家的身体健康，特提醒大家：

——使用微波炉前，应对微波炉的基本性能有所了解。

——要按说明书规定的方法及顺序开动，一定要将炉门关紧后才启动仪器。

——避免在炉门上夹纸或布片等零碎杂物，否则会导致微波从其周围泄漏。

——不要用塑料袋包装加热食品，这种做法会使食物基本上完全失去营养，且还会产生毒素。

——使用微波炉时，人不要站在炉前。

——一定要停机后，才可以取出食物。

——不要空灶开启电源使用，因为灶内无食物时，空烧会使微波管烧坏。

——如条件许可，最好定期使用微波漏能仪测定在炉子启动时其漏能数据，是否符合标准。

重复污染　塑料包装

如今，很多卖菜、卖水果的小贩使用的塑料袋都是红色、黑色和灰绿色的袋子。据有关部门调查，现在市面上使用的黑、红、蓝等深色塑料袋，大都是用回收的废旧塑料制品重新加工而成，根本不能装食品。

这些再生塑料袋，绝大多数是家庭作坊式的小型企业生产的，并未经过消毒处理，会含有严重超标的病菌和致癌物。用这种塑料制品包装直接入口的熟食品，对消费者的身体健康将会造成极为严重的后果。

另外，塑料的主要成分是由化工原料中提炼出的聚乙烯、聚氯乙烯、聚丙烯等对人体有害物质加工而成。在很早以前，就已经有人呼吁禁止白色污染，倡导绿色消费。但是，如今用塑料袋直接装熟食品，特别是刚出锅的热包子、热油条、热水饺等，用塑料袋包装更是屡见不鲜。殊不知热气会将塑料中的有害物质催化，从而进入食品中，成为很危险的食品。

还有一种更为危险的饮食方法是，一些人将凉馒头、包子、花卷之类的食品用塑料袋包装后，再用微波炉进行加热。其实，这种做法对人体造成的危害会更大，因为加热会使塑料中的有害物质，更直接地大量进入食品，对食品造成严重污染。

食品专家提醒人们：买食品最好用干净的纸袋、布袋盛装，到家后，要立即拿出，并且放入冰箱冷藏时，应该用保鲜膜，而不要用普通的塑料袋。

锅中有水　油泡炸响

有些人最怕炒菜时那滚烫的油四处乱溅，噼里啪啦的乱响，光看起来就挺吓人。一些刚炒菜的新手或家庭主妇，往往面对着四处飞溅的油束手无策。

其实，炒菜时油四处飞溅是完全可以避免的。这要从油飞溅的原理说起。炒菜时，油四处飞溅是因为油中有水，由于水的沸点是100℃，而食用油的沸点一般都高于200℃，很明显，水的沸点要远远低于食用油的沸点。当油受热时，油中的水便会先沸腾起来，再加上油的密度比水小，水的密度接近于1.0g/ml，而油脂的密度一般在0.91g/ml～10.93g/ml之间，所以水是在油层下的，当水沸腾时它必须突破油层才能蒸腾，这就是油会溅出来的原因了。

由此，我们避免油泡炸响的方法就是，在放油前应先把锅加热，使水完全蒸发之后，再放入食用油，这样油中没有水，便不会出现油泡炸响的现象了。

饮食过量　易致早亡

据科学考证，饮食不节制是导致人过早死亡的罪魁祸首之一。

在美国阿肯色州小石城的一个动物实验基地，有420多名各国科学家用2.1万多只老鼠进行了一次实验，研究战胜老年疾病和抗衰老问题。通过实验发现：控制饮食的小白鼠比不控制饮食的小白鼠患癌的概率要小4倍；如果减少其饮食70%的话，将能使鼠类延长寿命50%。

而后，科学家们又将这项实验转移到了人类生命的研究中。他们发现，适当控制卡路里的摄入，几乎可以减少或延缓大部分与老龄化有关的疾病，如心血管疾病、中风、癌症、糖尿病等。而且，参与这次实验的各个研究室的研究成果还证明了一个可喜的结论——人类的寿命极限应是180岁左右——由此他们做了结论：人类是因多食而早亡的！

爱吃美味，属于人之常情。然而，无论做事还是吃饭都应该有一个限度，胃是有收缩性的器官，初次减食在一个月以内有饥饿感，如果坚持下来就能达到减少食量、减少热量、增强体质的目的。

俗话讲："若要身体好，吃饭不过饱。"就是这个道理。

生食新风尚　身体多遭殃

品尝生猛海鲜，生吃食品是时下的美食新风尚。生吃在日本叫刺身，有利于营养成分的保存和吸收，但这也有不利的一面，那就是卫生问题。

　　如今，许多餐馆为了迎合人们"食以奇为先"的消费心态，纷纷推出系列海鲜佳肴，生食爱好者更是津津乐道。生吃海鲜、贝类，其风味口感确实别致、鲜嫩爽口，但他们却不知道若生食了不洁的鱼虾则会对健康大为不利。各种活、鲜的鱼虾蟹贝体内，往往潜藏着多种可使人患病的致病菌和寄生虫，它们的体形大小，用肉眼根本无法发现。所以，这种隐藏着的病菌和小虫，对于喜欢生食鱼虾风味的人来说却是一种致命的潜在的威胁。

　　一般来讲，鲜虾在离水 2 小时~4 小时后，就会受到大肠杆菌和沙门氏菌等致病菌的感染，而金枪鱼、马鲛鱼和飞鱼等鱼类的细胞组织则会发生细菌腐蚀，并产生胺类化合物。所以，这些带有病毒的鱼虾是不适合生食的，而是应该进行充分的加热，在煮熟后再食用，以免细菌危害人体健康。

　　其次，就是寄生虫对鱼虾的污染。据测验，几乎各类鱼虾蟹贝都有其特定的寄生虫潜藏。如墨鱼、鳗鱼、鳝鱼等肉食性鱼类，通常都有棘颚口线虫隐藏；鲑鱼、鳟鱼、鲈鱼等溯河性鱼类或河口鱼类，多数含有异吸虫的包膜蚴虫寄生；黄鱼、带鱼、鲐鱼等百余种普通海产鱼，腹腔及肌肉中常能见到异尖属线虫；梭鱼及牡蛎类软体海洋动物，都会受到鞭毛虫毒素的污染。如果人们吃了这些受污染海鲜，往往会出现胃肠不适，感觉迟钝、神经衰弱、血压过低等中毒症状，有时还可能引发生命危险。

　　有的人可能认为，这些带有病毒或寄生虫的鱼虾蟹贝经过白酒或浓盐水的腌渍就会没事。但事实上，这种想法纯粹是掩耳盗铃，自欺欺人。据试验表明，在 10% 以上浓度的盐水中，囊蚴可存活 48 小时；在 10% 的白酒中可存活 43 小时；在 14 度的黄酒中可存活 18 小时。由此可见，即使腌渍可以有效果，但这也需要时间，而我们在生食海鲜时却是现腌现吃，所以在这样短的时间内是根本无法杀死寄生虫的。

那么，采用低温冷冻是否可以达到杀死细菌和寄生虫的目的呢？一般来说，绝大部分细菌是冻不死的，在低温环境下只能抑制细菌的生长繁殖，而一旦恢复到常温，它们就会重新活跃起来，开始生长繁殖，并产生大量毒素。

凡此种种，为了避免后患，劝告喜欢生食鱼虾的美食家们鱼虾类还是熟食为好。

饭后一支烟　害处大无边

俗话说："饭后一支烟，赛过活神仙。"果真如此吗？非也！这样的活神仙是有健康代价的，由于饭后血液大部分流向胃肠部，而流向脑部的血液相对减少，所以人才会出现困倦、瞌睡的现象。而有的人最喜欢在这个时间吸烟，认为此时吸烟最畅快、最能提神。但是，科学家们却要给你泼一盆冷水了——饭后吸烟危害最大！研究表明，饭后人体内的热量大大增加，各个内脏器官开始随着血液循环而加快，烟里的有害物质会更多地吸收到体内来。

因此，这句俗话应该是："饭后一支烟，害处大无边。"

一人吸烟，全家受害。吸烟有损健康，而被动吸烟，即吸入"二手烟"对身体的危害更大。

在家庭中，一个不吸烟的母亲，如果因为他人吸烟而被动吸入"二手烟"，对其自身和胎儿都会造成巨大的危害。烟草中最大的毒害物质就是尼古丁和一氧化碳。这些气体经母亲吸入后，便会进入血液透入胚胎，影响胎儿摄取营养和正常发育，更严重的还可能会导致流产、婴儿瘦弱或夭折，而母亲因为经常吸入"二手烟"，与没有吸入"二手烟"的女性相比，平均寿命会短4年。

吸烟的危害是巨大的，一个父母吸烟的家庭中，其子女得支气管疾病的比率会高出2～3倍，其子女仿效父母榜样吸烟的可能性也会非常高。而如果长期在充满烟气的办公室工作，则被动吸烟者的肺部受损程度与那些平均每日吸10支烟者相等。如今，在香港已经出台了公众场合吸烟的处罚条例：公共汽车上吸烟一次罚款5000港币，在电梯内吸烟最高罚款500港币。

告诫大家：停止吸烟吧！这不仅是为了自己，也是为了爱你和你爱的人健康和幸福。

乙醇穿肠过　伤身又闯祸

古人讲："无酒不成宴席""酒是穿肠的毒药"。确实是这样，不少地方宾朋宴请总少不了酒，不喝不行，喝少了还不行，不让客人喝高了就是没诚意没感情，非闹得醉烂如泥才肯罢休。"酒是穿肠的毒药"啊！纵酒伤身，特别是大量饮酒，乙醇浸透到血液中，不仅对肾功能有很大的损害，对心脏、肝脏的损害更为严重。长期饮酒或醉酒极易引起肝硬化、尿毒症、阳痿、肾功能衰退等症病。同时，酗酒滋事，对社会秩序也会带来危害。因此，节酒是十分有必要的一件大事。

为了加大打击酒后驾车的力度，新交通法规定喝酒后驾车是违法行为，并且在刑法规定中醉酒后的人犯罪应负法律责任，同样受到法律的制裁。

在此提醒读者：酒逢知己喝点好，饮酒驾车半口多！

零食不断　食无定时

喜好常吃零食，或者饮食没有规律，都属于不良的饮食习惯。一个人的消化功能强弱，与其长期生活过程中胃肠及各种消化腺有规律的作息有密切关系。严格按时进食，可使消化器官工作有规律，形成定时分泌消化液的功能。经常吃零食，会使胃肠道经常处于紧张状态，久而久之，势必导致消化功能紊乱和胃肠道疾病。

中国的传统饮食习惯中，非常讲究定时进食，饮食习惯于一日三餐，即早、中、晚三顿。这里关键是一早一晚，早餐必须是三餐中最好的一顿，要有足够的高蛋白质供给，晚餐以少吃为佳。这种饮食定量合理分配是符合一天中生理活动以及能量消耗、补充等各方面需要的。我国民间流行的谚语"早吃好、午吃饱、晚吃少"就是很好的养生之道。

浓茶水果　饭后乱来

食物进入胃内，须经过一至两小时的消化过程，才能缓缓排入消化道。如果饭后立即饮茶，势必冲淡胃液，影响食物消化，同时茶中的单宁酸能使食物中的物质凝固，给胃增加负担，并影响蛋白质的吸收，降解营养。因此饭后饮茶最好是在饭后一小时。而饭后立即吃水果也是一种很不好的习惯。

饭后吃下水果会被食物阻滞在胃内，如果在胃内停留的时间过长，就会引起腹胀、腹泻或便秘等症状，日久将导致消化功能紊乱。吃水果最好是在饭后1小时~2小时之后。

边吃边唱卡拉 OK

民间还有句俗话叫"饿唱饱吹",这句话是不正确的。边吃边唱很容易导致疾病。

首先,就是接触性疾病的感染。在这里,人们气氛高涨,飞沫乱窜,话筒在人们手中传来传去,是疾病的最佳传染途径,然后再接着吃东西,有点毛病能不传染吗?

其次,边吃边唱很容易导致胃病。消化系统是个很专注的系统,喜欢默默地协调工作,轻声轻气的法国大餐氛围就很受它的"喜爱"。如果边吃边唱,唾液、胃液就不能正常分泌,天长日久某些信息被重复刺激,便会产生条件反射,什么慢性胃炎、胃溃疡、肠炎等就会自动地找上门来了。而且,不少厌食症也是源于此。

饭后睡觉 肥胖提快

产生肥胖的原因有很多,但饭后缺少运动就是其最直接的原因之一。

我国有句养生格言:"饮食而卧,乃生百病。"这是有道理的。进餐后,人马上就睡觉不仅会产生肥胖,而且还容易产生很多疾病。

因为在人们进餐后消化道的循环开始旺盛起来,而脑部的血流则相对地减少,于是人便会产生昏昏欲睡的感觉。一般讲,睡眠多容易肥胖,原因就是人体此时消耗的热量相对较少,而人体自身又有一种贮存热量的本能,于是这些热量便会变成脂肪在体内囤积起来。可一旦他们醒来,就又会大量补充食物,久而久之便会形成肥胖。同时,由于饭后睡眠是静止不动的,就易加重脑局部供血不足。因此,血压也随之下降,此时很容易因脑供血不足而发生中风。

任凭自己爱好吃　营养均衡是难题

只凭自己的爱好和口感，盲目地追求某种食品，并以此作为主要饮食标准，长期下去就会因经常偏食偏饮，营养失衡而损害身体。

食物原料是丰富多彩的。据不完全统计，可食的食品原料有 2000 多种，其中包括动物性原料、植物性原料，以及天然矿物质原料和人工提炼制造的化工产品。这些原料中含有丰富的身体必需的七大营养素，是人类生存，健康饮食的资源。如果只偏食某种或几种食物，便是愚昧无知的表现，也是缺乏科学常识之举。

自己制定歪食谱　津津有味赛大补

世界卫生组织（WHO）提出的健康四大基石之一，即合理膳食、适量运动、戒烟限酒、心理平衡。可以看出，"合理膳食"无疑是第一位重要的。但是，"合理膳食"并不是指合口就合理。这首先要考虑的是，对自己是否适宜。比如，去市场买一件衣服，虽然高档、时髦、漂亮的衣服有很多，但并不一定就适宜老年人穿，所以还是要选择适合自己年龄、性别的样式。因此，我们的饭菜不但要可口，符合自己的口味，而且还要合理，适合自己的身体营养平衡。

吃瘦肉每天别超过 200 克。中国疾病预防控制中心营养与食品安全所对各种动物肉的脂肪进行了测定，并在《2002 年中国食物成分表》标明，以 100 克重量为例，各种肉类的脂肪含量如下：兔肉为 2.2 克，马肉为 4.6 克，牛肉为 4.2 克，而瘦猪肉为 7.9 克，若把瘦猪肉作为日常膳食结构中主要的食物来源过量食用，也会增加发生高血脂、动脉粥样硬化等心血管疾病的危险。一般来讲，成人每天食肉量应为 100～200 克，根据个人的体重和肥胖程度可适当增减，若需要补充蛋白质，可适当增加牛奶和豆制品的摄入。

不吃水果不喝奶　怕酸怕辣怕苦味

烹调五味，也是在调节人生，将五味正确地排列，应该是：苦、辣、咸、酸、甜。也就是讲：先苦后甜、苦中有乐。不吃水果不喝奶，怕酸怕辣怕苦，拒绝五味的人，对人体极为不利。

五味与健康。五味，即为酸、甜、苦、辣、咸五味。五味与人身健康关系密切，调配得当，有利于健康，反之，则会给身体带来损害。《黄帝内经》讲："五味入五脏"。酸味食品可调味促进食欲，有健脾开胃的功能，并能增强肝脏功能，提高钙、磷的吸收率，醋酸还能解毒杀菌，但酸食过多，可引起消化功能紊乱。甜味食品有补充血气、解除肌肉紧张和解毒等功能，但如食用过量，就会使血糖升高，胆固醇增加，还易使人发胖，诱发心血管疾病。许多人怕"苦"不敢吃苦味食品，其实苦味食品有利尿、益胃益心的功能，但过苦则能引起消化不良等症状。辣味食品有利于胃肠蠕动，增加消化液的分泌，促进血液循环和机体代谢，祛风散寒，但食辣过多，则对胃粘膜有损害，使肺气过盛。另外，患痔疮、肛裂、胃溃疡、神经衰弱、皮肤疾病的人不宜过食辣椒。咸味调料主要是食盐，其作用是调节细胞和血液之间的渗透平衡及正常的水盐代谢。每人每天进食盐 6 克左右就能满足人体需要，食盐过多会加重肾脏负担，诱发高血压病，所以，肾病、心血管疾病患者不宜多吃盐。

迷恋老汤炖肉汤　一年四季炖煮忙

一些家庭，特别是在北方，人们普通喜爱吃炖煮的食物或肉食，往往是一年四季吃的都是炖菜、炖肉。而在这些"美味"中又以老汤或久经炖煮的肉汤最为珍贵。殊不知，这样一年四季炖煮忙的饮食习惯却埋藏着巨大的隐患。久经炖煮的老汤，会产生一种较强的致癌物质亚硝酸盐，关于亚硝酸盐的危害在前面已经讲过，所以在此不再赘述。值得注意的是，亚硝酸盐具有极强的致癌性，希望人们不要再迷恋老汤炖肉汤的味道，而损害了自己的健康。

为了显示身体棒　喝酒吃饭总过量

一些老年人一心为子女着想，生怕孩子为他们的身体操心，当吃饭时就以大量地吃饭或喝酒来暗示子女自己身体棒着呢。可是，这样的方法只使用一次两次还可以，如果总是这样吃喝过量，久而久之就会产生疾病。

人的胃肠容量是有限度的，吃得超过限度，就会增加胃肠负担，影响胃肠蠕动，就会产生饱胀、嗳气、上腹痛、恶心、呕吐症状。而胃肠周围的器官也会遭受压迫，这些器官"被压迫"的信息和消化系统餐后紧张工作的信息一同上传给大脑，影响到大脑皮质的其他部位，诱发各种各样的噩梦，造成疲劳，久而久之，就易引起神经衰弱等神经系统疾病；因胃肠蠕动减慢，部分蛋白质不能被消化吸收，在肠道内停留时间延长，在厌氧菌的作用下，产生胺类、氨、吲哚等有毒物质，增加肝肾的负担和对大脑的毒性刺激。

早在两三千年前，《黄帝内经》就主张"饮食有节""饮食自倍，肠胃乃伤"。梁代医学家陶弘景在《养生延年录》中也指出"所食愈少，心愈开，年愈寿；所食愈多，心愈塞，年愈损焉"。可见，古人很早就发现节制饮食可以抗衰老、延寿命，经常饱食则使人早衰，对人体有害。人过中年以后的进食方式就应该像"羊吃草"那样，饿了就吃点，每次吃不多，胃肠总保持不饥不饿不饱的状态。只有这样，才能延缓衰老，延年益寿。

第七章

少年儿童吃饭的境界

少年儿童要健康成长必须有充足的营养保证，就像小树苗要浇水、施肥一样，营养是儿童生长发育的物质基础，尤其是前文提到的足够的能量、优质蛋白质、维生素及矿物质等，只有充足的营养才能保证少年儿童茁壮的成长，只有保证了吃饭的境界，才能使我们家中的少年获取足够的营养。本章我们主要讲，在青少年儿童成长过程中，吃饭所起到的举足轻重的作用。·

早餐很重要

早餐是儿童摄取所需能量和营养的重要组成部分，它在一日三餐中起着不可替代的作用。据我国营养和医学部门对近万名城市儿童饮食状况的调查发现，每天经常吃早餐的儿童中，男生的比例高于女生，且年龄越小，比例越高。而在食用早餐的儿童中有 52%～56% 存在早餐安排不科学、食品种类单一、营养成分不均衡的现象，只有 34% 的家长在准备早餐时，注意了营养搭配问题。专家研究发现，食用能量充足、配比均衡的早餐的学生，在数字运用、创造想象力及身体耐力等方面，强于食用的早餐营养搭配不合理的学生。因此，对儿童早餐的质量，绝不能忽视。

营养质量好的早餐，应包括谷物、动物性食品、奶类及蔬菜水果四大部分。对于学龄儿童来说，每天上午的学习任务较紧张，要做大量脑力劳动，而学习效率高低，取决于大脑细胞能否获得稳定血糖供应所产生的能量，早餐对供应血糖起着重要作用。如果早餐摄取能量不足，大脑兴奋度就会降低，对数字、逻辑推理的反应就不敏捷，学习效率会大大降低。

不吃早餐，到中午时，会出现强烈的空腹感和饥饿感，吃起饭来狼吞虎咽，多余能量在身体内转成脂肪堆积在皮下，身体发胖；也可引起胃炎、胆结石等疾病。

合理安排饮食

家长和学校为学龄儿童安排好每天三餐，其中早餐和午餐营养素供给应分别达到全天推荐供给量30%、40%，每天供给至少300ml牛奶，以提供优质蛋白质、维生素 A 及钙质；每天供给 1～2 只鸡蛋，及其他动物性食物如鱼类、禽肉或瘦肉 100 克～150 克，以提供优质蛋白质，丰富的卵磷脂、维生素 A 及铁等矿物质；谷类及豆类食物供给 300g/d～500g/d，以提供足够能量及较多的 B 族维生素。

曾有一位年轻的母亲，为了让孩子长高长壮，给孩子吃大量的高热量营养食品。

最初孩子果然"胖得可羡"，可是不久便"胖得可笑"，成了"过饱儿"。孩子的父母开始发愁了，想限制饮食也不好限制，发展下去孩子再"胖得可怜"可怎么办？

实际上这并非个别现象，近年来不但"过饱儿"日益增多，在小儿群体中，一些成人易患的高脂血症、高血压、糖尿病、溃疡病、动脉硬化也多起来了。这些难治的"小儿成人病"已引起国内外学者的注意。日本学者在调查报告中指出，乳幼儿的高脂血症，男孩为 9.4%，女孩为 4.6%。学龄期的高脂血症，小学四年级为 9.6%，中学一年级为 6.6%。另一项调查报告又指出，小儿血清胆固醇平均值年年有上升趋势。我国学者也提出，预防动脉硬化要从小儿做起。

引起小儿成人病的诱因有很多，如过度进食、运动不足、热量摄取过剩、摄取营养失衡、烟酒、夜间睡眠过晚、遗传因素等。而营养过剩是一个不容忽视的因素，这不能不引起年轻的父母的注意。

大鱼大肉吃掉钙。高蛋白饮食是引起骨质疏松症的原因所在。有人曾做过这样的实验：受测者 A 每天摄入 80 克的蛋白质，将导致 37 毫克的钙流失；受测者 B 每天摄入 240 克的蛋白质，额外补充 1400 毫克的钙，将导致 137 毫克钙的流失。

从上面这个例子来看，额外补充钙并不能阻止高蛋白所引起的钙流失。这是因为过多的摄入大鱼大肉这些酸性食物，易使人们产生酸性体质。而人体无法承受血液中酸碱度激烈的变化，于是身体就会动用两种主要的碱性物质——钠和钙用来中和。当体内的钠用光了的时候，就会启用身体内的钙。所以，过量摄入大鱼大肉而不注意酸碱平衡，就会导致钙的大量流失。这也是那些大款、常吃宴席的人常常莫名其妙地感到疲倦、头晕、体力不支的原因所在！紧随其后的就是"代谢综合征"，如高血压、高血脂、糖尿病、肥胖、脂肪肝、痛风等等的"时髦病"。

青少年的营养需要

《实用营养学》一书中关于青少年营养需要的数值值得广大读者参考，现引用如下：

1. 能量。青少年对能量的需要与生长速度成正比。生长发育需要能量为总能量供给的 20% ~ 30%。青少年期能量需要超过从事轻体力劳动的成人，推荐能量供给为 9.6 ~ 11.7MJ（2290 ~ 2796kcal）/d。

2. 蛋白质。儿童青少年期体重增加约 30 千克，其中 16% 是蛋白质。儿童青少年摄入蛋白质目的是用于合成自身蛋白质，以满足迅速生长发育需要。因此，每天蛋白质供能应占总能量供给的 13% ~ 15%，约 75 克 ~ 90 克。此外，生长发育的机体对必需氨基酸要求较高，如成人每天需要赖氨酸 12mg/kg，而青少年则需要 60mg/kg。因此，供给蛋白质来源于动物和大豆蛋白质的应占 50%，以提供较丰富的必需氨基酸，提高食物蛋白质体内利用，满足生长发育需要。

3. 矿物质及维生素。为满足骨骼迅速生长发育需要，青少年期需贮备 200mg/d 左右，故推荐供给量为 1000mg/d ~ 1200mg/d。伴随第二性征的发育，女性青少年月经初潮，铁供给不足可引起青春期缺铁性贫血，女性饮食铁推荐量为 20mg/d，男性 15mg/d；锌推荐供给量为 15mg/d。少年期体格迅速生长发育、学习紧张。各种考试的负荷及体育锻炼，维生素及其他矿物质补充不容忽视。

要多吃谷类，保证鱼、肉、蛋、奶、豆类和蔬菜的摄入，不盲目节食，不摄入过多的能量，只有这样，才能保证营养均衡、体重适宜，更好地投入到紧张的学习中。

培养良好的饮食和卫生习惯

孩子挑食、偏食，不要着急，因为罗马不是一天建成的，不良习惯的纠正也需要一个漫长的过程。要有耐心，不能操之过急。

（1）家长要以身作则，以自己的良好的饮食行为为孩子做示范。

（2）合理指导安排孩子吃零食的时间、数量，在吃饭前或吃饭时不要喝饮料，培养孩子每天定时吃饭的好习惯。

（3）不强迫孩子吃他特别不想吃的食物，要慢慢来。

（4）在合理时间内，允许孩子选择喜欢吃的食物。

（5）在指导孩子饮食时，不进行威胁或哄骗。

每天供给200毫升~300毫升牛奶，1只鸡蛋，100克无骨鱼肉或瘦肉

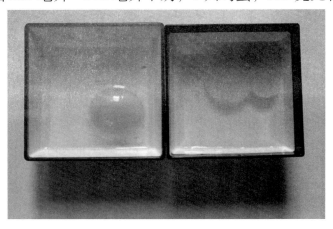

天然蛋白质含量最高的食物——鸡蛋

及适量豆制品，150克蔬菜和适量水果。建议每周进食一次富含铁的猪肝或猪血，每周进食一次富含碘、锌的海产品。

相关知识

乳酸饮料代牛奶　生长发育遭破坏

时下，碳酸饮料、果汁、乳酸奶等已成为城市儿童消费的主流，有的儿童把这些饮料视为生活中的必备。在许多情况下，由于家长的潜移默化的支持，不少儿童从一两岁开始就养成偏爱饮料的习惯。

营养专家指出，长期喝碳酸饮料、果汁、乳酸奶或乳酸菌饮料，会使宝宝的生长发育受到很大影响。近年来，我国肥胖儿童检出率急剧上升，年增长率男孩为10%，女孩为8.7%，其中个别年龄组重度肥胖增长率高达27%。经研究证实，这些儿童肥胖与无节制地饮用饮料具有很大的关系。其次，乳酸奶或乳酸菌饮料的奶含量其实很少，每百毫升乳液中蛋白质含量仅相当于0.83克奶的含量，而通常所说的鲜奶、纯奶、酸奶及各种奶粉的蛋白质含量每百毫升乳液却不能低于2.5克。从数据我们可以看出，乳酸饮料的蛋白质含量与鲜奶等相比还不足其1/3。所以，为了减少儿童的肥胖发生率，以及孩子的正常生长发育，家长应减少碳酸饮料、果汁、乳酸奶等低蛋白质饮料的摄入量，切莫掉以轻心。

实践证明零食饮料再好不如正餐营养高。中国预防医学科学院营养与食品卫生研究所的调查表明，我国城市少年儿童吃零食的比例高达97%以上，而各种饮料取代白开水已经成为饮料消费的主流。

研究显示，零食提供的能量和营养素占到一天的 30%，但零食中的营养素不如正餐中的全面和丰富。我国少年儿童偏好的零食种类主要是膨化食品、冰淇淋、巧克力、饼干和糖果等，这些食品大都是含能量高而营养素密度低的食物。

专家建议，家长不应简单、粗暴地禁止孩子吃零食，要正确引导，让他们学会选择营养相对均衡、全面的零食，在两餐之间补充点零食，使孩子既能享受到吃零食的快乐，又能获得良好的营养。但是，长年发育所需要的营养物质主要应从一日三餐中获得，不能用零食代替正餐。膨化食品、方便食品紧密相连，杜绝垃圾食品应从儿童抓起。

平时孩子学习忙　寒假饮食要适当

现代家庭，每个家庭都只有一两个孩子，所以家长们都很想利用寒假好好地疼爱这个心肝宝贝，一放假便想让孩子多吃好东西。其实，这样并不好。

寒假是一年中最冷的假期，由于家长过分疼爱孩子，一般孩子的户外活动便会相对地减少，尤其是假期负担轻了，睡眠也比较充足起来。这样一来，儿童自身所需要的热量也相对减少，因此家长在为孩子配餐时，应相对地控制儿童的主食量，即吃饭吃到八成饱就可以了。而副食量可相对增加，多吃一些鱼肉蛋禽类，因为这类食物的蛋白质生物价比较高，青少年正处在长身体的时期，所需要的蛋白质量也相对比成年人要多一些。同时，还可以多吃一些深色的蔬菜，这样既可补充人体所需的维生素，又可帮助鱼肉的消化吸收。

再有，青少年由于处在生长发育阶段，平时上学较紧张，常因饮食不当而出现轻度贫血，因而在这段假期家长不妨给孩子用红枣、花生以 1：2 的比例混合煮，将汤及红枣、花生都吃掉。用红枣、桂圆同煮食可以有效地治疗贫血。同时，在一日三餐中，可相应地增加一些猪肝、瘦肉等，并且就餐后最好喝一杯橙汁或吃一个橘子，以补充必要的维生素。

营养品中有激素　小心孩子性早熟

据有关组织调查发现：在 1000 名"性早熟"儿童中，至少有 40% 是因为过多服用含有激素的营养补品所致。从一些医疗机构的儿童门诊数据来看，孩子因过量服用某些营养（素）品而使之性早熟的病例也屡见不鲜，例如男孩 5 岁长胡子，女孩 7 岁来月经等都给家长带来了极大的忧虑。

按照国家规定，儿童食品中"不得加入药品"，但添加了人参、蜂王浆、黄芪、鹿茸等药品的儿童营养品仍到处可见。这些药物不仅会引起儿童性早熟，同时也会使儿童严重的营养不良，营养失调，而不能正常地发育和生长。同样，经有关部门抽查，有 17% 的儿童营养品都含有不同数量的添加剂，如人工甜味剂、色素、香精、谷氨酸钠等。更可怕的是，在抽查的样品中，竟然有的营养品 1 公斤原料中就添加了 16 克糖精、150 克香精，这几乎超过国家规定的 10 倍之多。可想而知，这样的营养品被孩子服用后会产生怎样的结果。

因此，希望家长们在购买儿童营养品时，一定要注意其所有成分和含量，最好是少吃或不吃营养品。

酸奶热饮味道怪　营养元素早破坏

酸奶是以牛奶、糖为原料，经乳酸菌发酵而生产的一种冷饮。这种饮料因富含蛋白质、维生素、无机元素等多种营养成分，更因其含有大量的活性乳酸菌，而使酸奶具有了较好的保健功效。但是，大家应记住，酸奶只宜冷饮而不宜热饮。

乳酸菌的保健功能主要是抑制肠道病原菌繁殖，增强人体免疫力、促进肠胃蠕动，有利于食物的消化和吸收，其次就是可以促进肝功能，且对肾炎、肠炎、便秘、食欲不振、口腔炎等病症也有一定的疗效。但是，酸奶经过加热后，乳酸菌便会因受热而被杀死，从而使其失去保健的作用，并且蛋白质在受热后，尤其在酸性的环境条件下，会发生凝聚变性作用，使人体不易吸收，有些维生素也会受到破坏，酸奶的风味也会因热挥发掉，而使整体风味失去平衡，味道变坏，某些成分还会因受热而变色。所以，酸奶经加热后，不仅保健作用消失，其营养成分和色香味也都会受到很大的影响，因此酸奶不宜于热饮。

母乳喂养有益处

自 20 世纪 70 年代起，奶粉一面世便受到了广大年轻妈妈的喜爱，在世界范围内许多国家和地区都出现了婴儿母乳喂养率急骤下降的趋势，而采用了一种方便省事的人工喂养方式。从此，人们也开始针对到底是母乳喂养好还是人工喂养好展开了激烈的争论。

如今，有些人已经认识到了母乳喂养的好处，而有些人仍然徘徊在母乳喂养和人工喂养之间，不知如何才算适宜。其实，科学家们早已提出了母乳喂养的重要性，因为母乳给婴儿所提供的营养、抗体，以及生长因子是任何替代品都无法所比拟的。特别是 0~4 个月婴儿，如果使用母乳的代用品，如婴儿奶粉、奶瓶、橡皮奶头等进行喂养婴儿，其患病的概率和早亡率要高出纯母乳喂养的 2.5 倍，患腹泻病、肥胖症、细菌感染、营养不足、儿童白血病等疾病的比率也会提高数倍。而相对于孩子母亲来讲，没有进行母乳喂养的妇女其患乳腺癌和卵巢癌的可能性，则会比进行母乳喂养的妇女危险程度更高。至于许多妇女担心的产后发胖问题，则大多都与内分泌等变化有关，与母乳喂养根本无关。

所以，为了宝宝的健康，为了母亲自身的健康，还是采用母乳喂养最好，母乳是"上帝"赋予人类最好的喂养婴儿方式。

婴儿奶中加蜂蜜 实则孩子不适宜

众所周知，蜂蜜含有丰富的果糖、葡萄糖和维生素 C、K、B_2、B_6 以及多种有机酸和人体必需的微量元素，是老少皆宜的保健食品。因此，许多年轻的父母都喜欢在喂婴儿的牛奶中加入蜂蜜，以加强婴儿的营养。不过，对于 1 周岁以下的婴儿，这是不适宜的。

这是因为，在百花盛开之时，蜜蜂难免会采集一些有毒植物的蜜腺和花粉，而用此类花粉酿制的蜂蜜，会使人中毒，出现中毒反应。另外，世界各地的土壤和灰尘中，都有一种被称为"肉毒杆菌"的细菌，蜜蜂常常把带这种细菌的花粉和蜜带回蜂箱，使蜂蜜受到肉毒杆菌的污染，极微量的肉毒杆菌毒素就会使婴儿中毒，其症状与破伤风相似。另外，蜂蜜中带有雌性激素能导致女孩早熟。因此，对于 1 周岁以内的婴儿来说，牛奶中还是不加入蜂蜜为宜。

孩子天生爱零食 父母时刻要控制

现如今，零食店是越开越多，零食的广告也处处诱人，零食的种类更是花样百出。

爱吃零食是每个孩子的天性，尤其是 6～12 岁的小学生阶段。在一些大中型超市的各种零食货架前，经常可以看见几个背着书包的小学生挑选食品的背影；路上有时也可以见到他们拎着装满了五花八门零食的塑料袋边走边吃的身影；甚至还有小学生竟将平时最流行、时髦的零食写成排行榜，进行大比拼，可见他们对零食的钟爱程度。

一些家长、老师对此忧心忡忡，并把孩子吃零食视为不良习惯，横加指责。其实，孩子吃零食不能一概反对，而应当加以正确指导。在孩子时期，正是长知识、长身体的时段，身体消耗大、胃口好，常想吃点东西。但是，零食所提供的营养远不如正餐均衡、全面。零食中糖的含量也明显高于正餐，所以绝对不能以为零食改换了"健康"的面貌就可以任意多吃，而取代正餐。何况人群中钙、铁、锌和维生素 A 缺乏的现象十分普遍，均衡的营养摄入还是要靠一日三餐来完成。

健康营养吃零食。零食不是不可以吃，但要有度，一是数量不宜过多，以免影响正餐食欲；二是注意品种选择，以高营养、低糖分食品为宜；三是时间要合适，应在两餐之间，睡前不可吃零食。

奶制品。奶制品（如酸奶、纯牛奶、奶酪等）含有优质的蛋白质、脂肪、钙等营养素，因此应保证孩子每天食用。酸奶、奶酪可作为下午的加餐，牛奶可早上和睡前饮用。

水果。水果含有较多的糖类、无机盐、维生素和有机酸，经常吃水果能促进食欲，帮助消化，对儿童生长发育是最为有益的。最好是每次饭后半小时摄入适量的水果。

糕点。糕点（饼干、蛋糕、面包等）含蛋白质、脂肪、糖等，各式奶油花点还含有色素、香精等添加剂，因此糕点间作为下午加餐，而不能把糕点作为主食，让孩子随意食用。尤其是不能饭前吃。

糖果。糖果含有较多的糖分，能提供热量，但不宜多吃，尤其是饭前不宜吃糖果，因为糖的虚卡路里能影响孩子正餐的进食量。

山楂糕、山楂片。山楂糕、山楂片、果丹皮等，这些食品含维生素C，又能帮助消化，饭后适量进食可帮助消化促进食欲。

蜜饯、果冻。蜜饯、果冻等零食，小学生们也喜欢吃。但应注意的是，相当数量的产品存在防腐剂、甜味剂超标现象，含苯甲酸钠类防腐剂，多食对健康不利。

孩子嘴巴实在刁 好吃快餐胃口高

生活中常见这种现象，每到双休日，有的家长就给孩子许愿："快把作业做完，今天带你出去吃快餐。"这种"口福"奖励，使孩子的胃口越调越高，嘴巴也越吃越刁，吃厌了主食吃副食，吃腻了中餐吃洋餐。据调查统计，我国城市儿童中有91%的孩子都吃过快餐，而且有60%以上的儿童是快餐的忠实消费者。然而，快餐属于高能量、高脂肪食品，一次可提供4900~7500焦耳的能量，这完全相当于全天供给量标准的42.5%~112.5%。因此，这些爱吃高热量食品的孩子难免会成为一个个肥嘟嘟的"胖墩儿"了。

对于儿童饮食中的不良行为，我们家长应加强教育，注意引导，把孩子从饮食的误区中拉出来，面对孩子的要求，家长要勇敢地说"不"。

儿童的多动症主要发生在6~8岁之间，以男孩为多，以任性、好动、语言过多、注意力分散、好胜甚至打架、骂人等为主要特征，常令父母烦恼。研究表明，进食过多含有酪氨酸、水杨酸盐的食物以及进食大量调味品、人工色素和受铅污染的食物，可使具有多动症遗传因素的儿童发生多动症。因此，患儿应忌食含有酪氨酸的挂面、糕点及乳制品，少吃含有甲基水杨酸盐较多的番茄、苹果、橘子、杏等。

患儿的食物不要加辛辣调味，也不宜多食贝类、大红虾、向日葵等含有铝成分及受铅污染的食品。平时应多吃含锌、铁较多的食物。丰富多样，新鲜美味的食品才是儿童健康的保障。

婴儿吃饭多菠菜　　不明真相易失钙

宝宝贫血，爸爸妈妈就给宝宝吃菠菜补铁。但是，根据医疗科学证明：菠菜虽含有丰富的铁，但多数不能被人体吸收。相反，菠菜还会起到破坏的作用。因为菠菜中含有较多的草酸，草酸能和食物中的钙相结合，生成不溶于水的草酸钙，而使人体无法吸收利用，从而引起宝宝的缺钙。

因此，在给宝宝吃菠菜时，应在烹调前将菠菜在沸水中浸一下，把菜中的草酸去除一部分，这样就可以有效地减少钙的丢失。同时，可以多吃一些补充铁的动物性食物，如鱼肉、猪肉、牛肝等。

缺铁狂吃肉和蛋　　容易导致铁"失散"

现在的孩子大都爱吃各种肉类，就是不爱吃蔬菜和水果，家长也认为：只要多吃富含铁锌的肉鱼蛋，蔬菜水果吃不吃无所谓。结果是：不但孩子的体重蹭蹭窜，而且经检查照样患有缺铁性贫血。

因为人们膳食中所摄入的瘦肉、动物内脏、蛋黄中的铁多为三价铁，不易被人体吸收，只有在有维生素C和酸味物质，如苹果酸、酒石酸、柠檬酸等多种有机酸存在的情况下，才能转化成二价铁被人体充分地吸收和利用。而维生素 C 和酸味物质在蔬菜和水果，如猕猴桃、柠檬、鲜枣、酸枣、橘子、草莓、苹果中含量最多。如果一味地只吃瘦肉、动物内脏、蛋黄等食物，而不吃或少吃蔬菜和水果，这些食物中的铁质就不能被人体吸收与利用，容易造成营养的极大浪费，而出现缺铁性贫血。

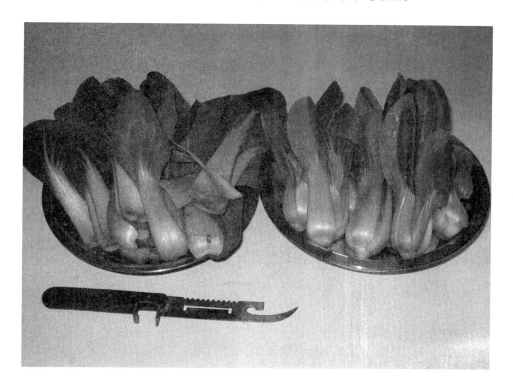

天然美食——蔬菜

硬食荤食都需要　咀嚼就是口腔操

现代营养专家认为，人体摄取营养就像培育花木一样，各种营养成分均衡，才能花繁叶茂。特别是儿童饮食，更要荤素软硬搭配得当，才能保证儿童身体的正常生长发育。

我们常将动物性食物称为荤食，荤食虽然营养丰富，口感也好，但脂肪含量高，故常限食。不过，儿童绝对不能像成年人那样吃素。因为荤食在供给能量、促进脑发育、促进脂溶性维生素的吸收与利用方面功不可没。特别是荤食中才有的多种不饱和脂肪酸，是孩子体格和智能发育的"黄金物质"。所以，儿童食谱中的脂肪含量比成人的高是正常的。

同样，软硬食物也需要合理的搭配，要适时地给孩子一点具有一定硬度的食品，以增强其咀嚼功能，这样可有助于儿童的健康成长。日本歧富县朝日大学医学院船越教授认为：咀嚼能力强的孩子都很聪明。因为咀嚼可使面部肌肉活动增强，进而加快头部血液循环，增加大脑血流量，使脑细胞获得更充分的氧气和养分。另外，勤咀嚼增强咬肌活动，还可以对视力发育有帮助，这一点已被日本秋田大学医学学院卫生学教研室岛田副教授的研究所证实。

实验资料表明，咀嚼墨鱼片时脑血流量平均增加21%，咀嚼布丁时平均增加16.5%。咀嚼对牙齿是一种锻炼，并能使牙齿自洁，可减少牙周病、蛀牙、牙菌斑等的发生率。常吃不需咀嚼的软食的学生，不仅牙齿容易出现龋齿，而且思维记忆能力和视力也会比其他的学生要差得多。所以，常给孩子点硬食有助于预防近视、弱视，并降低发生龋齿疾病的概率。

体弱儿童要加餐 循序渐进才安全

每当幼儿园放学时，幼儿园门前都会有不少的家长手拿牛奶、面包、点心，给刚出园的孩子"加餐"。这些家长认为：幼儿园下午虽有午餐，但孩子一般吃不饱，他们正在长身体，应该多吃点。其实，孩子小多加餐无可非议，关键是孩子的胃容量小，加餐应该把握好量的多少，循序渐进。

根据专家的建议，学龄前儿童的餐次以每天 4～5 餐为宜，3 次正餐，2 次加餐，最好加一次牛奶。三餐占全天总热量的比为：早餐占 30%，午餐占 35%～40%，晚餐占 25%，加餐点心占 10% 左右。加餐的原则是加餐的总量要以孩子不过饱，不影响正常膳食为准，越小的孩子加的量越少。具体来讲，开餐正常的孩子可选面包、饼干等小食品作为加餐，而吃晚餐较晚的家庭可选一些鸡蛋、馒头、肉松及坚果等，这些食品营养密度高，脂肪成分好，对孩子具有补脑作用。

在给孩子选择加餐食品时，家长要避免以下误区：

果冻富含营养。事实上，市场上销售的果冻大多不含果汁，根本谈不上营养；不少家长喜欢给孩子吃果脯、蜜饯，以为可代替新鲜水果，其实这些食品在加工过程中，不仅所含的维生素 C 基本被破坏，还用高纯度的白砂糖进行加工，含糖量过高。

营养不均衡　胖墩就是病

随着社会的发展，慢性病越来越年轻化了。慢性病的主要发病原因，就是长期不良饮食习惯所导致，潜伏期 10～20 年。我近几年发现过两例 28 岁患癌症去世的小伙子，发现过十几例 20 多岁的糖尿病患者。这些患者得病的原因，多数是不良生活习惯所造成。

现在小胖墩很多，没有引起家长的重视，实际上，"小胖墩"就是营养失衡的一种肥胖病，又称肥胖症。轻者留下慢性病的隐患，重者会影响生殖器官发育，增加心脏负担，成人后造成不孕不育或患心脑血管，癌症的隐患。

肥胖的原因是营养失衡，热量大的甜食、糖类、三白食品、奶油食品、冰激凌、蛋糕等吃得多，蔬菜水果吃得少。另一种原因是吃得好，吃得太饱，脂肪沉积在体内。高营养高蛋白，酸性食物吃得太多，把酸奶，酸性饮料当水喝，喝清水少。高热量，高脂肪的食物长期沉积在体内表面看似肥胖，实际上是毒素残留，内分泌失调，最后患病，缩短寿命。

因此要培养孩子良好的健康饮食习惯。饮食习惯因人而异，是经过时间形成的，一经养成很难改变。在喜咸食家庭中成长的人，即使独立组成新的家庭，也常同样喜咸食。而婴幼儿的饮食口味可塑性却较大，家长做饭时少放盐和酱油，耐心纠正孩子咸食、甜食、挑食、偏食的不良习惯，从小饮食清淡、科学进餐，长大后就不会受食盐、热量、油脂、胆固醇过量的困扰。

少吃绿叶菜　眼睛遭损害

现在青少年的近视眼的比例很大，在北京市冬季征兵时有65%的适龄青年体检不合格，这些体检不合格的青年中有80%是双眼视力达不到0.7，也就是近视眼。造成近视眼的原因有：看电视玩游戏，电脑时间太长，离屏幕太近，电磁辐射严重，光刺激直接伤害幼儿的眼睛，从小开始破坏他稚嫩的视网膜；室内光度太暗，学习读书环境差，省了电钱买眼镜；膳食不合理，没能补充眼睛发育、生长需求的营养素，特别是绿色蔬菜食量少。

蔬菜中所含的维生素、矿物质、微量元素是大脑和眼睛发育的重要营养素。长期缺乏，就会造成病变。

保护眼睛的食物除了绿叶青菜外，羊肝、猪肝、鸡肝、鱼脑、鱼肝油也是很好的食物。

珍惜生命　感悟健康

我们中华民族历来就有不怕牺牲、自强不息的精神。人是万物之灵长、宇宙之精华，从父母给了我们生命之日起，就是一个完整的生命，生活在世界上，从身体到精神无不散发着生命的光辉。享受着天地之灵气，饮食于五谷之美味，享受着太平盛世之温暖，可以说快乐无穷、快乐人生。我们如何感悟健康，体验健康带来的快乐？这对许多人来讲好像很陌生。

感悟健康就是对自己的健康有所感受、感悟，对自己的健康状况有一个系统的了解；对自己的生理指标有一个准确的把握；对自己的健康状态有一个全面的规划。从饮食生活中开始，会吃、会做、会搭配，在保养自己的身体时能及时保养、按时调节、不急不躁、不气不恼。

1. 有病早发现

有的中老年人上厕所时，因便秘引发脑溢血，在厕所里发病；有的出门买菜，摔跤之后就再没起来，这些猝死的状态很常见。据卫生部统计，65 岁以上的男人每 10 万人中，每年就有 4956 人因跌倒而死亡，女人 10 万人中有 5280 人因跌倒死亡，为此卫生部在 2011 年 8 月 15 日下发了指南文件：跌倒为 65 岁以上老年人伤害死亡主要因素，遇到老人跌倒，不要急于扶起。卫生部公布《老年人跌倒干预技术指南》，从公共卫生角度总结了国内外老年人跌倒预防控制的证据为经验，提出了干预措施和方法，其中指出：遇到老人跌倒的情况不要急于扶起，要分情况进行处理。

《指南》指出，跌倒是我国伤害死亡的第四位原因，而在65岁以上的老年人中则为首位。报道显示：在过去的三个月中，580万65岁以上老人有过不止一次的跌倒经历。一年中，180万65岁以上老人因跌倒导致活动受限或医院就诊。全国疾病监测系统死因监测数据显示：我国65岁以上老年人跌倒死亡率男性为4.96%，女性为5.28%。我国已进入老龄化社会，65岁以上老年人已达1.5亿。按30%的发生率估算，每年将有4000多万老年人至少发生1次跌倒，严重威胁着老年人的身心健康、日常活动及独立生活能力，也增加了家庭和社会的负担。

这些猝死病例，多数是心脑血管疾病所引起，脑溢血、脑中风、脑血栓、心肌梗死等造成。这些病有明显的前兆，只是我们平日没有感悟到，忽略了疾病的前兆，而造成悲剧的发生。

下面我们来体验、分析心脏病的前兆，以此感悟健康。

胸痛15分钟：典型的心脏病发作症状为胸口出现难受的压迫感、挤压感或疼痛的感觉，持续至少2分钟以上。有心脏病史的人只要出现15分钟以上的胸部急性疼痛，就要立即前往医院检查、诊断，千万不可自己外出。

上腹疼半小时：心脏病引起的胃痛是一种憋闷、胃胀的感觉，有时伴有钝痛、灼热感、剧痛及恶心，一般持续半小时以上。

呼吸急促：有些心脏病患者会出现呼吸急促或喘不过气来。休息几分钟后，呼吸似乎恢复正常，但是重新开始活动时，喘息又立即出现。

过度疲劳感：按日常的活动量，却感受到浑身疲惫，甚至连走路的力气都没有。这种情况不能忽视，是心肌梗死导致心力衰竭的前兆。

如果感觉有上述症状出现，可先自行含服硝酸甘油。5分钟后症状仍不缓解，应尽早就诊，若家里没有人护理，可打电话通知子女或邻居，以便有个照应。

我们再体验分析中风、脑溢血、脑血栓的前兆。

远期先兆：

半年三个月以来，常见有头痛、眩晕或头昏；记忆力减退、健忘；肢体麻木，特别是上肢麻木；摇头，口角抽动、下眼皮跳、鼻衄等。

两三周内近期先兆：

头晕突然加重；头痛突然加重或由间断性头痛变为持续性剧烈头痛。一般认为头痛头晕多为缺血性中风的先兆，而剧烈头痛伴恶心呕吐则多为出血性中风的先兆；肢体麻木，或半侧面部麻木或舌头麻木、口唇发麻，或一侧上、下肢发麻；突然一侧肢体活动不灵或无力，时发时断；暂时或突然出现吐字不清晰，讲话不灵；突然出现原因不明的跌跤或晕倒；精神改变，如个性突然变为沉默寡言、表情淡漠或急躁多语、烦躁不安，或出现短暂的判断或智力障碍；出现嗜睡现象，即患者昏昏沉沉，总想睡觉，睡不醒，不愿起床；突然出现一时性视物不清，或自觉眼前发黑，甚至突然失明；恶心呕吐，或血压波动并伴有头晕眼花或耳鸣；鼻出血，特别是频繁性鼻出血，则常为高血压脑出血的近期先兆。

对上述这些先兆症状应及时去医院诊断和治疗，千万不要粗心大意或满不在乎，以免耽误治疗。有病早发现、早治疗、早预防就会减少悲剧的发生。

癌症很可怕，如果发现得早可以治愈。只是许多人没有提前感悟和检查到癌症对人体的早期侵入。例如：有位中年妇女，在 51 岁时，她就感到心口痛，吃点止痛片缓解，一直持续了六年，到 57 岁时，实在疼痛难忍到医院去检查是胃癌的晚期，癌细胞已经扩散，无法挽救，从查出癌症到死亡不到两个月。如果在六年以前发现病症，找出病因就可以将癌症治掉，轻松生活。

任何一种病，在发病前夕总会表现某些信号。如果了解这些信号，就可掌握疾病发生的规律、特征，就有可能早期发现，早期治疗，从而提高治愈率。常见癌症的早期信号有哪些呢？

我们分析以下各种癌症的前兆，以便早期发现，提前治疗。

（1）吞咽食物不适

吞咽食物时有哽噎感、疼痛、胸骨后闷胀不适、食管内有异物感或上腹部疼痛，这可能是食管癌的早期信号。

（2）上腹部疼痛

人们习惯叫它心口疼。平时一向很好，逐渐发现胃部（相当于上腹部）不适或疼痛，服止痛药、止酸药不能缓解，持续消化不好，此时应警惕胃癌的发生。

（3）刺激性咳嗽，且久咳不愈或血痰，气短、乏力、肺活量减低

肺癌多生长在支气管壁，由于癌细胞的生长，破坏了正常组织结构，强烈刺激支气管，引起咳嗽。经抗生素、止咳药不能很好缓解，且逐渐加重，偶有血痰和胸痛发生。此种咳嗽常被认为是肺癌的早期信号。

（4）乳房肿块

正常女性乳房，质地柔软。如果触摸到肿块，胀痛，且年龄是40岁以上的女性，应考虑有乳腺癌的可能。

（5）阴道异常出血

正常15～55岁的妇女月经每月一次，平时不出现阴道出血。如在性

交后出血，可能是患宫颈癌、子宫癌的信号。性交后出血一般量不多，如果能引起注意，有可能发现早期宫颈癌、子宫癌。

（6）鼻涕带血

鼻涕带血主要表现为鼻涕中带有少量血丝，特别是早晨起床鼻涕带血，往往是鼻咽癌的重要信号，鼻咽癌除鼻涕带血外，还常有鼻塞，这是由于鼻咽癌症压迫所致。如果癌症压迫耳咽管，还会出现耳鸣，所以，鼻涕带血、鼻塞、耳鸣、头痛，特别是一侧性偏头痛，均是鼻咽癌发生的危险信号。

（7）腹痛、下坠、便血

凡是30岁以上的人出现腹部不适、隐痛、腹胀，大便习惯发生改变，有下坠感，而且大便带血，继而出现贫血、乏力、腹部摸到肿块，应考虑大肠癌的可能。其中沿肠部位呈局限性、间歇性隐痛是大肠癌的第一个报警信号。下坠感明显伴大便带血，则常是直肠癌的信号。

（8）右肋下痛

右肋下痛常被称为肝区痛，此部位痛常见于肝炎、胆囊炎、肝硬化、肝癌等。肝癌起病隐匿，发展迅速，有些患者右肋下疼痛持续几个月后才被确诊为肝癌。所以右肋下疼、黄疸、厌食、厌油腻、心烦、尿黄，应视为肝癌的信号。

（9）头痛、呕吐

头痛等多发生在早晨或晚上，常以前额、后枕部及两侧明显。呕吐与进食无关，往往随头痛的加剧而出现。头痛、呕吐、头晕、记忆力减退、视力模糊，是脑癌的常见临床症状，应视为颅内肿瘤危险信号。CT检查有助于确诊。

（10）长期不明原因的发热

造血系统的癌症，如恶性淋巴肿瘤、白血病等，常有发热现象。恶性淋巴肿瘤临床表现为无痛性淋巴结肿大，在淋巴结肿大的同时，病人可出现发热、消瘦、贫血四肢无力，嗜睡等症状。因此，长期原因不明的发热应是造血系统恶性肿瘤的信号。

出现以上种种可疑信号，既不能草木皆兵，也不可掉以轻心。应及时去医院就诊，并进行必要的检查，以免贻误病情，造成终生遗憾。

感悟健康、感悟人生，对我们的身体特征有一个系统的认识，身体出现一些不良反应，我们如果能知其原因，准确把握就会对健康有利。身体发出的信号就是肌体变化的不利反应。要准确把握，同时也不必大惊小怪，风声鹤唳，草木皆兵也不妥。

头痛。在一切体育活动中或活动后都不应发生头痛感。发生头痛时，应停止活动，侧重于神经、心脑血管系统检查。以预知脑中风，脑血栓的前兆。另外脑肿癌也有头痛、偏头痛的前兆。

气喘。喘在运动中是一种正常现象，随着运动的不同强度会发生不同程度的喘，经休息可恢复正常，这属正常生理现象。如轻微活动就喘，且休息时间很长还不能恢复，这属异常现象。应停止活动，侧重呼吸系统检查，诊疗。肺活量小、心跳过速也会引起气喘、气短。

口渴。运动后常感到口渴，这属于正常现象。如喝水很多，仍口渴不止，小便过多，这属异常现象，应检查胰腺功能。血糖高、胰多肽增加都会引起口渴，口干舌燥心烦恼，不可忽视。

饥饿。运动后食欲增加，属正常生理现象。若采食量骤增且持续，应及时去医院内分泌科检查胰腺分泌功能。饥饿与糖尿病有关，燃烧的脂肪，高频率的消化，引起饥饿感，多吃，多喝，多尿应引起重视。

厌食。激烈运动后，暂不想吃饭，休息后食欲好，是正常现象。如果长时间不想吃饭而且厌食则属异常。应去检查消化功能。肝脏发炎，脾胃不和也会引起厌食。

乏力。健身活动后产生疲乏是正常现象，一般在活动后休息十分钟左右应有所恢复，如果持续数日不能恢复，则表明运动量不适应，可减少活动量。如减轻活动量仍感持久疲乏，应检查肝脏和循环系统。

疼痛。刚开始活动的人，长久停止活动而又恢复活动的人或变换新的活动内容，都会引起某部位肌肉酸痛，属正常现象。虽酸痛，一般不会引起功能障碍。若发生在关节或关节附近疼痛并有关节功能障碍，麻木、酸疼、胀疼就不正常了，应停止活动，检查关节有无生病。

头晕。经常发生头晕，记忆力减退、呕吐，应考虑，中风前兆，脑血栓、脑肿瘤、神经衰弱等与大脑相关的疾病的危险信号。不可掉以轻心。

便秘，这是一种直接反映身体状况的疾病，但是往往不能够引起人们的重视。便秘可以引发多种疾病，便秘后宿便增多，体内产生毒素，毒素导致黄褐斑、结肠炎、肠梗堵。同时导致血压增高，血液循环变慢。大便用力过猛，引发脑溢血的直接原因就是便秘所致。直肠癌、胃癌也与常年便秘有关，据统计我国患肠道癌的人约300万人，每35分钟就会有人因肠道疾病而死亡。所以便秘应引起我们的重视，尽快排毒、洗肠，保持消化道畅通，保持肠道清洁干净。

感悟健康，体验健康，还要注意以前没发生的身体变化状况，现在突然发生了。例如：心烦，不明症状的肥胖、食欲减退、妇科月经不调、疲倦、怕冷，这些症状出现可能是内分泌失调造成的。调节精神，调整饮食是关键。

感悟健康，有病早发现，特别是不明症状的困倦、嗜睡、四肢无力，应引起重视。在北京近几年发生过多起出租车司机过劳死的情况，他们日夜奔波，开车挣钱，身体常年超负荷运转，一旦崩溃时自己还不知道，眼前发黑，头脑发晕，把车停在路边，人都死了。这些人多数是上有老，下有少的中年人，也是家庭的顶梁柱，一旦遇难对家庭和社会造成很大的负担。如果能提前感觉到疲倦、困乏，休息几天，就不会造成悲剧，若知道悲剧会出现，就是休息一年半年也值，钱是赚不完的，生命诚可贵。有了强壮的身体会产生更大的效益，争取更多的财富。

感悟健康，要不断学习新知识，改变观念现实！生活中有些人在错误的观念指导下，常年地在做一件错事，自己还没有察觉到。例如吃盐，现在我们吃的盐是生盐，是有毒的盐，而竹盐——五行丹是熟盐，经过九次炼烤烤制的好盐，而许多人不认识，不接受。对看病、治病也是如此，有些小病，食物就可以治愈和改变。例如：咳嗽多痰，吃萝卜、生梨就可以消食化痰，一斤萝卜两元钱，二斤萝卜绝对能消食化痰、止咳、止痰；

2. 自我体检

有大病、重病要到医院检查，确诊、治疗，但在感悟健康时，倡导自己感悟，自我体检，现介绍几种常见病多发病自我体检，体检的快捷方式读者可以不出门，了解体检自己的健康状况，感悟健康。

（1）肺功能检查

中老年人易患慢性支气管炎、肺气肿等，肺功能检查是早期检出肺、气管病变的重要手段。肺功能受损一般表现为呼吸困难、器官缺氧、血液黏稠，甚至发生多种脏器衰竭。医院测试肺功能需要借助仪器，在家中可用憋气和吹气来检测。

憋气：深吸一口气，然后憋气，时间越久越好。能憋气 50 秒钟最好（50 岁为 30 秒、60 岁为 25 秒），如果少于 10 秒，说明肺功能很差，需马上到医院诊治。

吹气：深吸一口气，然后猛吹气，能在 3 秒内吹完则肺功能正常（50 岁为 4 秒、60 岁为 5 秒）。中老年人吹气时间超过 6 秒，预示肺功能下降，可能存在气道阻塞性肺疾患，很可能是慢性阻塞性肺病造成的。

（2）心功能检查：心脏功能下降，心脏泵血就不能满足人体的需求，造成重要脏器供血供氧减少而衰竭。老年心衰一般症状不明显，常被忽略，如果能及时发现心功能异常就可尽早治疗。

原地小跑：原地小跑一会儿（感到微微气喘即可），脉搏增快到每分钟 100～120 次。停止活动后，在 5～6 分钟脉搏恢复正常者，心功能良好。如超过 8 分钟则心功能有问题。

爬楼梯：中老年人爬 3～5 层楼梯感到心跳加快，有些气喘，但休息 10 分钟恢复正常为良好。如爬完楼梯感到心脏像要从嗓子眼儿跳出来，休息：20～30 分钟后仍感到气急、呼吸困难，甚至心跳越来越快，则心功能明显下降，医学上称此为"劳力性呼吸困难"。

（3）动脉硬化检查：健康的血管壁柔韧性很强，但随着年龄增长，动脉脂质斑块逐渐形成，动脉越来越硬。脑供血不足、眩晕、头痛、脑卒中（中风）等，可造成意识丧失、偏瘫、失语等严重后果。

坐位体前屈：坐在地板上，向前伸直腿，脚趾朝上，腰部前弯，手臂前伸努力触及脚趾。如果够不到脚趾，或触碰到脚趾的过程中感到憋气、心慌等不适，说明动脉已硬化。做以上动作时动脉血管壁受到牵拉，如血管壁硬化则会产生不适。

（4）糖尿病检查：血糖长期居高不下会造成心脑血管系统、神经系统受损，易患心梗、脑梗、肢体麻木、动脉硬化、管部坏疽，甚至截肢等。

单侧眼睑下垂：中老年人突然一侧眼睑下垂，这是糖尿病引起的动眼神经麻痹的信号。长期慢性的高血糖可引起机体的代谢紊乱，从而导致糖尿病微血管病变，引起单侧眼睑下垂。发病前常感觉侧眼眶上区疼痛。有时看东西重影。

（5）青光眼检查：青光眼是眼内压间断或持续性升高、眼压水平超过眼球所能耐受的程度，而给眼球各部分组织和视力带来损害，导致视觉神经萎缩、视野缩小、视力减退、失明。

观察瞳孔：瞳孔正常直径为2毫米~5毫米，圆形。瞳孔呈椭圆形多是青光眼的表现。当青光眼患者眼压增高时，动脉血管的末梢缺血最明显，所以上下方虹膜缺血最早、最重，虹膜缺血性萎缩就明显些，导致瞳孔呈垂直椭圆形。

（6）肾病检查蛋白尿是慢性肾病的典型症状，由于早期无明显不适，所以常常被忽视，最后导致肾功能衰竭。如果尿中出现蛋白，即使没有症状，也必须马上到医院诊治。

查尿蛋白：取100毫升新鲜尿液，放入器皿中，加热至沸腾后，尿液会出现浑浊。此时在尿液中滴入5~10滴白醋，并再次加热，如浑浊消失表示正常，如浑浊不消失则为蛋白尿，应引起警惕。

血液黏稠检查：血液过于黏稠时，会使血流速度变慢，导致全身器官和组织缺血缺氧，诱发诸多疾病。同时，血液黏稠易形成血栓，堵塞冠状动脉、脑动脉等。

看舌头：对着镜子伸出舌头，如舌头颜色发紫，说明血液黏稠；如果不仅发紫还有紫色斑点，则血液黏稠度过高，并已出现循环不良和淤血。

（7）骨质疏松检查：统计资料显示，人在 40 岁后多会逐渐出现骨质疏松，70 岁的老人骨密度仅相当于年轻人的 50% 左右，骨质疏松的发病率达到 60% 以上。当人体发生骨质疏松时，身高就会逐渐变矮。

测中指间距：两手向两侧水平伸直，测量两手中指指尖之间的直线距离，然后再测量身高。正常的人，两臂伸直从中指为准的长度，与身高相等，如果身高比两指间的距离少，说明骨质疏松和骨密度减少。身高比指尖距离少 2~3 厘米，照 X 线相片可显示为明显的骨质疏松。

3. 透支健康

我们现实生活中有许多人整天忙忙碌碌，不分昼夜的工作，实际上在透支健康。透支健康的人，常年超负荷运转，早起晚睡、加班加点，再加上饮食不当，睡眠质量差，就造成了身体上很大的损耗，这就是透支健康。有位家产千万的老总在朋友宴请喝酒时，死在酒席桌上，这说明他对自己的健康状况很不了解。我们分析一下，一般健康的人，不会因喝醉了酒而死亡的。死在酒席桌上，或喝醉后死亡，有以下三个原因造成，一是疲劳过度，透支健康，加上酒精的浸入血液，心脏承受不了而猝死。二是已经患有心脏病，心肌损伤自己没有察觉，喝酒后大量酒精进入血液而导致心跳过速，引发旧病而死亡。三是心血管早有堵塞，动脉、静脉中血液流动不畅，血管内脂质物残留多，饮高度白酒后，心跳加速，血流加快，残留物堵塞血管造成综合性心血管病发作而死亡。这都是不能早日感悟健康的悲剧。

如果透支了健康，身体有不适，身体指标有很大的变化，建议停止工作，抓紧治疗。如果身体状况很差可以休息半年到一年，恢复体能后再投入工作，这半年的恢复可以换来 30～50 年的寿命。珍惜生命，保证健康，以免造成更大的损失或悲剧的发生。

第八章

开店的境界：餐饮行业应该这样做

作为从事社会餐饮行业的工作者或家庭健康饮食的倡导者，实施和推行"为健康而饮食"的新饮食文化，尽到我们的社会责任，做好"为健康而饮食"的经营和服务是一篇大文章，必须不断实践、不断认识、不断总结、不断提高、不断完善，常年坚持，打持久战。我们必须把推行"为健康而饮食"上升到社会责任的地位，要"为健康而饮食"，做好全面的社会服务。

在餐厅服务方面，要摒弃和革除以往餐饮业的不良习俗，大力提倡多种形式的分餐制，大力提倡文明用餐，争取做到既分餐又尊重中国人的传统聚餐的习惯。但是，由于每个人的身高不同、体重不同、从事职业不同，以及身体的内在健康程度不同，要制订出确切的各种营养成分的量化标准必定存在着较大的难度，所以在菜品的营养配比方面一定要灵活地把握。

根据《中国居民膳食指南》提出的"均衡饮食，合理营养"的八条准则，我们可以依此作为参考的标准，即：食物多样，谷类为主；多吃蔬菜、水果和薯类；常吃奶类、豆类；经常吃适量的鱼、虾、禽、蛋和瘦肉，少吃肥肉和荤油；食量和体力活动要平衡，保持适宜体重；多吃清淡少盐的食物；饮酒要限量，葡萄酒常用点；吃的要卫生，不吃变质的食物。

在食品卫生方面，一定要按照"为健康而饮食"的新饮食文化内涵来要求自己，确保每一位顾客的饮食安全。餐厅的各个环节，包括就餐环境、厨房、冷拼间都要有严格的卫生标准，从原材料购进、运输、储存、到粗加工和细加工的制作及成品上桌的全过程，都要按食品卫生法的要求，落实到位。饭店、餐馆、酒店使用的装修材料、设备设施、用具餐具的质地要讲究，禁用有毒和有放射物质的材料，要做到安全可靠，确保安全卫生。

其次，要完成时代赋予我们的使命，还需要广大的民众进行全体合作。虽然现在民众之中的多数人已有了这方面的要求和行动，但是有些人还是没有完全地认识到"为健康而饮食"的重要意义。所以，从我们餐饮企业的经营角度来讲，顾客就是我们的上帝，我们饭店、餐馆都要按照其需求进行服务。

同时，我们还要积极地行动起来，在餐饮全行业内开展宣传工作，向广大民众、广大消费者宣传我们所提倡的"为健康而饮食"的理念，把"为健康而饮食"的重要性和深远的历史意义灌输到每一个人的心中。

在宣传行动上，我们的宣传方式可以是多种形式、多种方法相结合的，比如企业领导和业内有识之士撰写有关文章在各种媒体上进行发表，或者在企业内醒目的场所多做一些有意义的宣传专栏和富有诗意的有关字画等。同时，我们还要教育员工和引导员工随时随地的宣传"为健康而饮食"的新饮食文化理念，使更多的民众和消费者都参与到"为健康而饮食"的新时代饮食文化运动中来。

营养卫生是境界

要想消化吸收好，不产生毒副作用，营养卫生是首要条件。我们吃饭的目的是增加营养，补充热量，增强体质。不能吃没有营养、不卫生、腐烂变质的食物，这是健康饮食的基础，基础打好了，其他问题就会迎刃而解，健康饮食顺理成章。

作为餐饮业从业者，我们应该做到不购入腐烂变质的原料，将有害食品堵在门外，不购入"三无食品"（无厂家地址、无商标、无食品卫生检验合格证），不乱用添加剂，炊具、餐具及时消毒。这是我们保证所出产品营养卫生的根本。厨房卫生达到"三无"（无苍蝇、无老鼠、无蟑螂），物见本色，地面干燥，灶台整洁，冰箱及时清理，确保卫生安全。

生熟分开是境界

我编写的《厨师培训教材》（已经 68 次印刷）和《最新厨师培训教材》（彩色印刷版）审核的新编厨师教材一套八本。在这些图书中，在饮食营养卫生过程中都介绍了生熟分开的内容。

什么是生熟分开，就是为了避免交叉污染，生的肉食材、鱼肉、禽类，不能与熟品放在一个冰箱，一个仓库内。加工烹饪应将切生食品的刀和案板分开，单独使用。例如：切生鲜肉的案板和刀具就不能再去切香肠、松花蛋、猪头肉等可以直接入口的熟肉。洗菜的水槽、备料的盛器都必须严格的区别，以保健康卫生。

认识原料是境界

干一行爱一行，干一行钻一行。木匠要认识木材，知道木材的品种、木纹、硬度、新旧、干湿度等情况；厨师，从家庭到饭店，从家庭主妇到职业大厨，都应该了解原料知识，科学烹调，合理使用。例如：辣味食品都是热性，开白花的植物多是凉性与寒性。鸭肉、鹅肉、兔肉是凉性，羊肉、狗肉是热性。更要会识别原料的名称、分类、性价比。

2012 年有家出版社出版了一本《本草纲目》彩色版，这个创意很好，但是作者不认识食物，把食物搞错了很多，全书共用了 158 张彩图，57 张是错误，把食物搞错了，容易造成误导，危及人们健康。例如：书中讲胡麻就是芝麻，用的彩图却是蓖麻。芝麻产的是香油，是美味调料，又是健康食品，而蓖麻是有毒的不能食用的，吃了蓖麻轻者中毒、拉稀、肚子疼，重者就会造成休克死亡……我看了此书后很着急，就打电话与出版社联系，告诉他们立即停止此书的出版发行，但是他们的态度不积极，为了引起他们的重视，我告诉他们社长，我要起诉他，以制止他们发行此书，他们的责任编辑打来电话，说要给我两千元钱补偿或奖励，不让我起诉他们。我说：我并不是想要钱，更不是敲诈，我是让你们尽快停止发行此书，引起重视！他们三天后又打来电话，说根据你的建议和发现，我们已将此书下架处理，库存的书要全部销毁，并说此书是合作出版，对方直接损失达 20 多万元。我讲他们干了错事，出版了不负责任的书，做了有损社会的事，就应该付出代价！

食材与我们的饮食息息相关，错误的食材会导致极其严重的后果，不仅仅是餐饮业从业者，这也是我们广大读者需要警惕的。

接受新型食材是境界

我们常说"第一个吃螃蟹的人是英雄！"螃蟹张牙舞爪，走路横行霸道，甲盖上长针，全身八条腿，谁见了都害怕，而有人将它煮熟了，吃了！第一个吃的人是谁，他是怎想的？这就是知识，这就是学问。

改革开放后，大量的进口食材进入中国市场，丰富了我们饮食，大开了我们的眼界。例如，从澳大利亚进口的象牙蚌，大鲍鱼；从挪威进口的三文鱼，又称蛙鱼；从美国进口的红海参；从荷兰、新西兰进口的黑白花奶牛；从安哥拉进口的长毛兔；从法国进口的大白兔；从美国进口的来克行白鸡；从英国进口的紫红鸡，等等，都为我们的饮食生活增添了光彩。

对新型食材有一个认识过程和试用阶段，最近农业部从法国引进的大蜗牛，又称白玉螺就是很好的高蛋白、低脂肪、无胆固醇的优质食材，可是在推广中有的厨师反问是不是能造成食物中毒的福寿螺？福寿螺，又称螺丝，是生长在河沟、稻田水域的污泥中的田螺，因为它生长的环境遭到污染，稻田、水沟里又有农民使用的人粪尿污染，所以这种田螺是不卫生的。2012 年北京有家餐饮店做的凉拌田螺就是使用这种原料，结果造成食物中毒，损失上百万。而新型的白玉螺大蜗牛是用木箱盛着，使用青菜、瓜果、玉米面、麦麸皮等有机食品喂养，在安全卫生的条件下养殖，从幼苗孵化到养成成品螺4个月（120天），鲜嫩美味，一个重量在40克左右，外壳直径8~10厘米，一个白玉螺所含的蛋白质是10个鸡蛋的含量，这么好的食材现在许多人不认识，不敢食用，这就是误区和误导所造成的恶果，一朝被蛇咬，十年怕井绳。

认识新食材，接受新食材，从品尝到少量购进，敢用敢吃就是境界。

淘汰旧设备是境界

我们从远古走来，饮食从火烹、石烹、水烹、油烹发展到今天，设备用具从石头、陶瓷、泥瓦罐、铁器、青铜器到铝制品、不锈钢、电器化、电磁感应炉，现在又有了机器人，量子设备，纳米技术，太空种子，对我们的传统观念是一次冲击，更是逼迫我们与时代接轨、跟上时代发展的步伐。

旧的生铁锅、铝锅（又称钢精锅）、旧灶台、煤火灶台炉等都已经淘汰，可许多人家还在使用，特别是旧铝锅，腐蚀性大，脱落的铝化物多，吃进胃里会对身体造成危害。另外重金属含量高的炊具做饭后应及时倒出，以免长时间存放污染食物。新技术、新设备层出不穷，每个餐饮单位、每个家庭可以根据自己的实际情况、经济状况添置新设备，改善烹调环境。

用陈旧的淘汰设备烹制不出来美味佳肴。

在淘汰旧设备时，也有返朴归真的好品种出现，例如石锅、砂锅，就是在旧设备的基础上进行改进，生产出的养生健康炊具、餐具。因此说淘汰不可一刀切，应科学考虑，合理适用，才是最高境界。

掌握新技术是境界

随着时代的发展，新的烹调技术不断涌现，从传统烹、炒、煎、炸、炖、煮、凉拌发展出了量子烹饪、分子菜谱、形象美食、抽象派、迷宗菜。有人讲"现代烹饪新、奇、怪，独树一帜密宗菜。"分餐制，先进的餐具，异型特色的美器，打造出了新款美观的菜肴。

掌握新技术有三个途径：一是多参加交流比赛，专业论坛，向优秀的员工学习。二是观看专题节目，现在许多电视台都开办了美食节目，观看这些节目，就能学会几招。2016 年 8 月 24～28 日在北京新国展举办的第 23 届北京国际图书博览会会上，由世界美食美酒图书大奖赛组委会主办的大师厨房，名厨献艺场馆最热闹，人气十分旺盛，每天客满爆棚，来自世界各地的大师登台献艺，人们在观看的同时还能品尝到精美的菜肴。三是多购买烹饪图书，从图书中学习知识是最快捷、经济的方式。每本图书都是名人的智慧与血汗的结晶，西方人讲："图书是人类进步的阶梯。"你踩着名人的肩膀，学习他智慧，丰富自己，武装自己，何乐而不为之。

掌握新技术的第二个渠道是自己创新，你家的厨房就是一间烹调试验室，你可以在这里展现你的才华。自己研究菜式应掌握三项原则：

（一）掌握营养卫生，使用干净卫生有营养的原料研制新菜品。

（二）利用多种烹调技术相结合的方法，多用炖、煮、蒸、煲的烹饪技术，少用煎、炸、炒、烤的方法，烹制出健康的美食。

（三）美器配美食，经常到餐具店，日杂商店溜达，看看有什么新型的餐具面市，把新餐具用于创新菜，就会达到令人耳目一新的效果。

以时尚的观念，科学的方法，掌握新的烹调技术是最高境界。

将饮食革命进行到底

健康膳食这一重要课题，新饮食文化运动这场革命，在我国已被提到了国事的重要议程之中；在国际上，美国也开始了健康饮食文化的研究和推进。可见，健康膳食，也就是新饮食文化的发展与推进，必将成为世界范围内的新世纪生命科学研究的重大课题。

中国烹饪艺术，中餐饮食文化，源远流长，是世界公认、人类共享的瑰宝。许多年前，毛泽东在一次接待外国朋友时，曾说过："中华民族对人类有两大贡献，一个是中医中药，另一个就是中国饭菜"。中国历史上餐饮业的先人们为人类做出了无可争议的伟大贡献，是每一个中国餐饮业的工作者和每一个中国人的骄傲。作为当代餐饮业的参与者，我们没有任何借口却步不前，而应该继续高高举起中国食文化这面灿烂的光辉旗帜，率领世界餐饮大军，在新世纪，新时代与时俱进，将世人所追求的、向往的，为健康、长寿而饮食的新饮食文化革命运动进行到底！

推行健康饮食的新饮食文化，是一项非常复杂、漫长的全社会、全民性的宏伟的系统工程，是饭店、酒家、酒楼、餐馆、家庭整个餐饮行业的一场革命。这场革命不仅涉及思想观念、经营理念的转变与更新，而且还涉及经营方式、管理方式、用餐方式、服务方式和广告宣传、选料采供、厨房设计、用料加工、技术、卫生等方方面面的改进和提高。因此，我们一定要把新饮食文化革命作为关乎生命安全的大事来研究，作为推进健康饮食文化进程的永恒主题来抓。

这一场宏伟而漫长的健康的新饮食文化革命的进程，不是从天上掉下来的，也不是哪位伟人或哪个文人先知先觉凭空捏造出来的，而是由于过去人们吃于无知或不讲究合理营养的饮食，从而导致的危机健康、断送无数生命的教训引发出来的，也就是说这场新饮食文化革命运动的诞生是以牺牲生命为代价的。所以，摆在我们行业面前的这场历史性的饮食文化革命，是时代客观形势的要求，是餐饮市场发展中客观形势的要求，也是由于人们吃的不科学、不讲究而引发的高血脂、高血糖所造成的各种疾病教给我们的势在必行的要求。

一个人要生存，就要吃饭，要健康长寿就得一日三餐讲文明，吃营养配比科学、卫生、合理的健康膳食。因此，人们追求生存文明、追求健康和长寿是历史的必然，是人类历史发展的客观规律。

客观规律是不可抗拒的，所以对于我们从事餐饮行业的同仁来讲，新饮食文化运动这场革命不是我们想不想参与的问题，而是必须要参与进来。面对旺盛的社会需求，只有积极响应、主动参与才是明智之举。反之，就跟不上健康饮食文化发展的形势，被日益发展的餐饮文化淘汰出局。

建议餐饮业的广大同仁，要多和中医交朋友，多听听饮食与疾病关系的信息和知识，积极学习研究医食同源的理论，参加医学专家健康的讲座报告，收集有关健康、长寿的资料，并且做到多看多研究，拿来为我们所用。对于事关人类尤其是中华民族身体健康这一大事，我们一定多撰写、多发表一些有价值的论文，谈出你的新观念，新思想，让我们踏着中国餐饮先人的足迹乘胜前进！继续发扬光大光辉灿烂的中国饮食文化，为推进新的健康饮食文化做出崭新的贡献！让健康欢乐伴随每个人！

文化是开饭店的最高境界

文化是五千年文明的体现，是一个人、一个企业发展进步的动力。没有文化的军队是愚蠢的军队，没有文化的饭店只能是一个赚取生活费的小饭铺。中国的食文化源远流长，落实到饭店、宾馆、餐馆、酒楼方面，更是企业发展的方向和原动力。

文化的内涵很丰富，其中食文化就是专指与饮食有关联的文化范畴。厅堂里的字画，门店的牌匾，内装修风格，餐具的配置，饭菜的质量，员工的素质，以及菜品的命名、员工的服装等都能体现出文化的内涵和管理人员文化的水平。

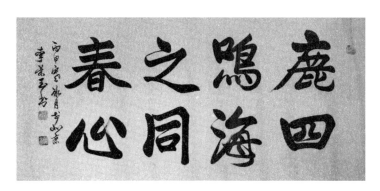

国家级非物质文化遗产代表性项目

有文化的饭店装饰文明高雅，店名有文化含量，员工着装整洁统一、举止端正、语言温和、面带微笑。只有这样，才能生意兴隆，增加客流量，最终实现营业额上升，增加饭店利润。

有文化的企业发展稳定，逐年积累，不断完善自身。例如辽宁省沈阳市的鹿鸣春酒店就有很好的文化内涵，企业发展就稳定，并且不断壮大和发展。

从鹿鸣春的店名到厅堂装修装饰，每个包间雅座的命名都充分体现出了文化的色彩。服务员穿戴整洁、举止高雅，热情大方、面带微笑，训练有素；饭菜质量高出名，美观漂亮，使客人耳目一新，吃一次饭就上了一堂食文化的课，吃一顿饭就觉得口舌留香，精神倍增，让请客的人感觉到体面。他们聘请国内著名的十大厨神之一、国际爱斯斐克厨皇会荣誉主席、中国烹饪大师刘敬贤做技术顾问和菜品总监，在确保饭菜质量的同时保证所出的菜品有很高的养生和保健功能。

鹿鸣春是国家级非物质文化遗产保护单位

文化像一盏明灯，照亮了企业也引来了客人！招来了滚滚的财源。

图书是人类进步的阶梯，更是传承文化的聚宝盆。员工们在工作之余学习文化、武装自己，成为企业发展的原动力；员工们通过学习专业知识更加热爱本职工作。

饭店起名的最高境界是雅

雅，包括高雅、文雅、雅致、雅气。

两千年之前孔子讲：名不正，则言不顺，言不顺，则事不成。店名是企业文化的体现，是经营者文化程度和水平的体现。

我国传统的起名文化中，较常见的字是：德、常、轩、堂、厅。

有个饭店的名字叫天然居，在他们饭店的大厅内挂了一幅字："客上天然居"，这是一个很高雅的广告词，而且它还有一个绝妙之处，它是一幅回文词，我们把它倒过来念就是"居然天上客"，从"客上天然居"到"居然天上客"一个字也没加，就出现了两幅绝句，这就是文化高雅的体现。

好的店名内涵丰富，回味无穷。例如：辽宁省沈阳市的鹿鸣春酒店的店名就很高雅，我们试想一下，鹿鸣春就像一幅美丽的画卷——一只雄鹿，在春暖花开的山上，仰首鸣唱，这是多么美妙的意境，这是多么美丽的图画，又可以联想到在那鹿鸣的春天里，我们相聚一堂，开怀畅饮，歌唱春天，歌颂新生活！

著名指画艺术家贾同辉的手指画——《路路畅通奔向前》

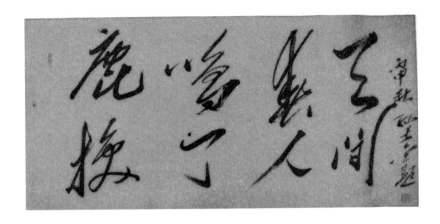

著名毛体书法艺术家孙长金老师题词

著名书法艺术家张祖光题词

相关知识

食物相克　夸大其词

我们常见的食物原料分两大类，即动物性原料和植物性原料。这些原料根据自己的性、味、所含能量、营养不同，有极大的差异，它们之间，存在着相辅相宜、相畏相杀相克的关系，就是我们常说的食物相宜、相克，但是，这种关系有的明显，有的不明显，有一些在烹调过程中能中和。对此有人借题发挥，列出了1000多种食物相克的案例。让许多人看了之后发慌，有点不敢吃饭的感觉，后来有的学者提出"食物相克是伪科学"，这种理论也不太准确。事物都是一分为二的，有利也有弊。根据阴阳五行学说，称为相克、相生、相辅，只要遵循自然规律，掌握食物的热性、温性、平性、寒性、凉性、碱性、酸性，就会运用得法。

有一种记忆方便的说法，即辣椒、大蒜、大葱、姜、胡椒等辣味食品材料属热性，辣为热性，甜为温性，苦为寒性，鲜为凉性，百合类、食用菌为平性。

猪肝鸡蛋　误导的化验

西医的检测仪器很先进，能分析化验食物中各种成分的含量，这些数据就是医学专家的法宝，他们凭借化验单忽悠，有些媒体也跟风不断地推广宣传。美国前几年出了本书叫《别让不懂营养的医学专家害了你》，在全美引起了轰动，发行量达上百万册，并且被多个国家翻译出版。

医学化验单所检测出的数据是存在的，但是在烹调加工过程中，通过热、酸、碱、糖、醋等因素加工成菜时已经起了很大变化。再进入体内消化道，经过胃酸、胆汁、胰液的调和又起了第二次变化，再进入代谢循环系统，人体内的脂肪、蛋白质、卵磷脂、胆固醇又互相转化，因此多数食物对人体不会产生危害。

蛋黄和猪肝除了含胆固醇外，还含有丰富的维生素A、维生素D、维生素B族以及铁、钙、镁等无机盐，适量摄入鸡蛋和猪肝，可以预防夜盲症、多发性神经炎、佝偻病、缺铁性贫血等疾病的发生。此外，蛋黄含有丰富的卵磷脂，可以帮助降低血胆固醇。因此，只要不是太多，中老年人吃点猪肝和鸡蛋一般不会对机体产生不利影响，并且还能从这些食物中摄取各种有益健康的营养素。

化验单上注明了 100 克猪肝、鸡蛋中的胆固醇含量很高，在 500 毫克以上，所以就误导了许多人，不敢吃鸡蛋。希望广大读者能够走出饮食误区，学习本书中的科学知识。

改掉陋习　快乐无比

"小小的生活饮食习惯可能会成为你身体的杀手，也可以极大地延长你的寿命。"经专家调查证实，每 4 个癌症患者中有 3 个与不良生活习惯有关。有人通过统计发现，在癌症死亡人数中，与不良饮食习惯因素有关的占 65%，其中饮酒占 3%，吸烟占 25%。

近 30 年来，随着社会经济快速发展，人民的生活水平显著提高，导致了生活方式、膳食模式及疾病谱的转变。有关统计显示，与生活方式密切相关的恶性肿瘤、脑血管疾病和心脏病已分别列我国死亡人口死因的前三位。不良的饮食习惯具体表现在：不吃早餐，晚餐热量过高，油炸食品、腌制食品吃得多，循环开水、碳酸饮料喝得多，摄入高盐、高脂食品，吸烟，不运动这十大方面。

实际上列举的十个方面的陋习很不全面，要想健康饮食就应改掉不良的陋习，建议您阅读《陋习与矫正》（中国社会出版社出版发行）和《危险饮食》（中国旅游出版社出版发行），我们所推荐的图书各新华书店有售，也可以直接与作者联系。

生活中一些不良的饮食习惯，常被人忽视，如果我们能重视并及时纠正这些毛病，无疑对健康是大有裨益的。

生活习惯自测方法与评点：

1. 不吃早餐的自测方法

据有关调查显示，我国年轻人约有半数经常不吃早餐。究其原因，大多数人是由于现代生活节奏快，夜生活丰富，晚上睡得迟，早上起得晚，来不及吃早餐或随便吃一点，便匆匆去上班；也有人为减肥而不吃早餐。然而不吃早餐却是危害多多。

早餐是睡眠后第一次进餐，消化道已基本排空，应给予足量的食品。俗话说："早吃好，午吃饱，晚吃少。"每天吃早餐在降低糖尿病和心血管病发病方面发挥着重要作用，早餐可说是一天中最重要的一顿饭！

不吃早餐的日常表现为血液黏稠度高，容易患心血管疾病；血糖下降，工作精力不足，记忆力下降，易患胆囊疾病晚餐热量高日常表现，容易发胖，易发高血压。

（二）晚餐热量高的自测方法

晚餐时分，常常是一天中进食时间最长、也最放松的时刻。由于传统饮食习惯，晚餐又是一天中最正式的餐饭。即使在家就餐，家人也有充足时间安排丰富饭菜，换句话说就是吃得"最好的一顿"。然而这顿饭经常容易包括太多的鱼虾、排骨、红烧肉等高热量食物，从而造成晚餐高热量摄入。

晚餐的高热量是由于晚饭经常安排鱼、肉和酒菜导致的。晚餐宜清淡，注意选择脂肪少、易消化的食物，且注意不应吃得过饱。大量的临床研究证实，晚餐经常进食荤食的人比经常进食素食的人血脂一般要高3～

4倍，而患高血脂、高血压的人如果晚餐经常进食荤食则无异于火上浇油。一般要求晚餐所供给的热量不超过全日膳食总热量的30%。晚餐经常摄入过多热量，可引起血胆固醇增高，过多的胆固醇堆积在血管壁上，久而久之就会诱发动脉硬化和心脑血管疾病；晚餐过饱，血液中的糖、氨基酸、脂肪酸的浓度就会增高。晚饭后人们的活动量往往较小，热量消耗少，上述物质便在胰岛素的作用下转变为脂肪，天长日久身体就会逐渐肥胖，从而影响健康。

调整心态

保持良好的情绪至关重要。美国科学家研究表明，人在悲观、生气、失望时会分泌有害激素，若将这些有害激素注入老鼠体内，几分钟之内老鼠就会一命呜呼。所以，除了合理饮食和锻炼身体，还得学会调节情绪。要善于笑，笑可以治绝症。法国心理学家建议法国人，每人每天要笑30分钟。笑一分钟，全身会放松47分钟。

据调查，美国癌症病人的心态都比较坦然，但我国至少80%的癌症病人心理恐慌至极，这样会加剧有毒激素分泌。其实，许多癌症患者是被自己吓死的。

不气不恼，不急躁，宽容他人，不与别人争吵，宽容、包容、海纳百川，胸怀坦荡，永远心情舒畅。

科学饮水

大家都知道人体中含水量达到70%，人体所有的生理功能都是靠这70%的水来发挥作用的。人可以三天不吃饭，但不可一日不喝水。水是维持人体生命活动最重要的营养素之一。

水分在血管细胞间川流不息，它把氧和营养物质运送到组织，又把废物送到肝、大肠、皮肤和肺，然后排出体外，所以水是运送养料和排除废物的重要媒介。注意维持水在体内各部分体液数量的平衡，就可以有效地使人免于中毒。

只有喝健康的水，才有健康的血液、健康的体质，许多慢性病才能慢慢消失。

1.　营养水的标准

根据世界卫生组织（WHO）公布的《生活饮用水水质准则》，健康水有如下七大标准：

（1）不含任何对人体有毒、有害及异味的物质。

（2）硬度介于 30～200 之间。

（3）人体所需的矿物质含量适中。

（4）pH 值呈弱碱性（7.0～8.0）。

（5）水中溶解氧及二氧化碳适中（溶解氧不低于 7 毫克/升）。

（6）水分子团小，渗透溶解性强（5～7 个水分子）。

（7）水的营养生理功能（溶解力、渗透力、代谢力、乳化力）要强。

2.　酸性水的妙用

（1）酸性离子水的特性

在电解槽的阳极，水分子失去电子，吸附各种酸根离子，经隔离膜流出的是酸性离子水。酸性离子水，除也是小分子团水以外，其他三大特性正好与碱性离子水相反：呈酸性，带正电位（在 1000mA 以上），富含各种酸根离子。

（2）酸性离子水在厨房中的妙用

用酸性离子水清洁厨房，将其当清洁剂来使用。用酸性离子水洗碗筷，不仅可以洗得干净，还可以消毒。厨房中最易滋生细菌的菜板、洗碗筷的抹布，是首先应该清洗的。用流水清洗是不错的，如果用酸性离子水清洗就更好了。酸性离子水不仅可以洗干净菜板和抹布上的污物，还可以杀死上面的细菌，防止抹布发霉、发臭，有较长的抑菌期。

（3）酸性离子水在家居中的扮演角色

妇女美容、美白皮肤；婴儿洗浴、清洗衣物；刀伤、烫伤伤口处理；清洗褥疮及烧伤、脚气等体表患处；清洗餐具、杀菌消毒；蔬菜、水果保鲜；宠物洗澡、消除异味；清洁地面、擦拭玻璃。

（4）酸性离子水的强消毒作用

由于各种细菌、病毒、真菌等微生物的生存条件主要是 pH 值 $4\sim9$，电位在 $400MV\sim900MV$ 之间。由于酸性离子水的 pH 值可低于 4，电位可高于 $1000MV$，因此可以极为有效地杀灭这些微生物，达到理想的消毒效果。在日本，酸性离子水已经被政府批准作为消毒水，特别是对人体各种伤口消毒、消炎、愈合效果非常明显。

（5）酸性离子水的美容功效

健康的肌肤呈弱酸性，表面有一层很薄的脂膜覆盖，这种物质是由皮脂腺分泌的脂类、汗腺分泌的汗液混合而成的呈弱酸性的天然乳液。它的功能是防止外界对皮肤的刺激及水分的蒸发，保护皮肤表面湿润，同时具有中和碱性物质的功能。如果这个状态被破坏，皮肤表面的水分就会失去，导致皮肤的防御能力减退，弹性下降，变得粗糙。尤其是人们使用香皂将皮肤的脂类洗掉之后更明显。所以，为了保持皮肤的健康，中和残存于皮肤上的碱性，人们都在使用与皮肤 pH 值相近，呈弱酸性的洗面水（化妆水、收缩水）。

酸性离子水呈弱酸性，分子团小，有极强的渗透力、溶解力和物理活性，含有大量的单质氧，具有很强的杀菌、消毒作用和较强的氧化、收敛作用，它对于皮肤的杀菌、消毒、美容、祛皱、增白、保湿、消除皮肤异物都具有独特的作用。

从整个身体的角度来看，人皮肤的好坏，10%来自对皮肤的护理，而其余的90%则必须依靠体内的洁净，否则就是无效或效果不好。斑点、色素沉积、小皱纹等皮肤老化表象，是体内氧化所产生的现象，其原因在于体内各种废物和自由基数量的增多。所以我们用与化妆水作用完全相同的酸性离子水洗面化妆，并经常饮用碱性离子水清除体内污染则是最经济、方便的一种护肤、美容方式。

3. 碱性水的妙用

正常人血液 pH 值在 7.35～7.45 之间。pH 值低于 7.35，身体就处于健康和疾病之间的亚健康状态，医学上称为酸性体质者。酸性体质者常感到身体疲乏，腰酸背痛，但到医院检查又查不出什么毛病，如不注意改善就会发展为疾病。高加索长寿村是世界上唯一没有发生过癌症的地方，连成人一般病的发病率都极低。在这个地区超过100岁的老人比比皆是。那么为什么只有长寿村居民能够长寿呢？调查人员发现长寿村人所饮用的水都是小分子团的弱碱性水。小分子团水，带有大量的动能，运动速度快，称为活性水。这些活性的水进入人体后，不断地激活人体细胞。并能更多地携带对人体有益的养分、矿物质和氧气，进入细胞的每一个角落，使人体细胞内外都充盈干净的、有活力的、营养丰富的液体，这样就能大大促进细胞的生长、发育，使人体细胞更具活力。弱碱性的水，它可以中和体内酸性毒素，调节平衡体液的酸碱性，还可以活化细胞，提高机体的自身抗病能力。这就是长寿人健康长寿的秘密！

4. 生水的危害

饮用清洁卫生的健康水，是保障我们身体健康的必要条件。尽管一般的水已经过自来水厂的适当处理，但在从处理厂到家中水龙头之间的输送过程仍有可能被污染。即使水中没有令人不悦的味道或气味，污染物仍有可能存在于饮用水中。而桶装水则存在黑心桶、劣质水等问题。如果一个人没有注意他所喝的水，而是经常花大量的钱去弄补品吃或者使用大量的化妆品来使自己健康美丽，都是治标不治本。

5. 饮水量

人体每天需要的水分是 2000CC，但并不是每天一定要强迫自己喝下这么多水，而是尽量补充到差不多就可以了，因为人体也可以从其他的食物当中摄取到部分水分，喝白开水的用意在于补充不足的水分。

多喝水可以改善心情。一个人的精神状态是由荷尔蒙决定的。比如说，大脑制造出来的内啡肽能使人产生一种快感，一种满足和轻松的享受。内啡肽中最著名的 5 - 羟色氨被称为"快活荷尔蒙"。而肾上腺素通常被称为"痛苦荷尔蒙"。每当我们生气或遭到恐吓时，就会分泌肾上腺素。还有一种荷尔蒙叫做褪黑激素，它在临睡前和夜间分泌，能使人昏昏欲睡，无精打采。当一个人抑郁时，这种物质的数量就会增加。

有趣的是，人类大脑的两个不同半球分别掌管快活和苦闷的心情。左半球存储的是好心情；而右半球存储的是诸如忧郁、失望与懊恼这样的坏心情。生理学家认为，一个人只要刻意加大"快活荷尔蒙"的分泌量，从人体内排出"痛苦荷尔蒙"，就会变得更快活。人们分泌肾上腺素，一般都是处在应激状态，比如跟亲人吵架，受到上司申斥或由于孩子淘气引起的恼怒。在这种心境下大脑思维混乱，手脚发抖，有时还想哭。

碰到这种情况该怎么办呢？肾上腺素同毒物一样也可以排出体外，方法之一就是多喝水。另外，还可以从事运动和体力劳动，像跑步、搬动家具等，让激素随同汗水一起排出。或者大哭一场，一部分肾上腺素也会随同泪水排出。

戒除健康杀手　　提升健康水平

常见的健康杀手，就存在于我的生活中，分别是：

吞食"垃圾"。垃圾食品，见仁见智。

"吞云吐雾"。吸烟的害处自不必说。

嗜好电视。看电视不光是一种娱乐，而且还能让每天窝在沙发里好几个小时。

精神压力。生活在压力之下，无异于引狼入室，招引疾病进攻自己的身体。

经常酗酒。偶尔小酌葡萄酒一杯，对身体有益。

车不离身。如果一个人要多活几年，还是少开车。

纵欲过度。很多人都说性事本身无所谓好坏，关键是看如何来对待。你要是想保护自己，就要注意性伙伴的性史，及时进行医学检查；同时有节制，不纵欲。

变灵为笨。不论什么文字，需要动脑筋，很多人就烦了。

缺少睡眠。一个人正常睡眠时间是七八个小时。

管住你的嘴　迈开你的腿

想要拥有结实的身体，除了运动之外别无选择。每天坚持30分钟的运动就可以拥有结实的好身体，好身材。如散步、慢跑、打太极拳、打羽毛球、爬山、游泳等以促进血液循环，有利于体内脂类的代谢。特别是老年人，如整日睡卧，缺乏锻炼，很容易导致气虚不能行其血，往往是缺血性中风的一个诱因。

哈佛饮食新观念——露卡素饮食

露卡素思想的基本概念是："低碳低糖、补充营养"。低碳就是低碳水化合物，低糖是指低血糖生成指数（低 GI），补充营养就是摄入或增补最缺乏的维生素矿物质等必需营养素。

因此，露卡素概念的完整表述就是：低碳糖，高营养，抗糖化，抗氧化。

关于营养卫生标准，我国传统的提法是：包括糖类（碳水化合物）、脂肪（动物性脂肪、植物性脂肪）、蛋白质（各种氨基酸）、维生素（脂溶性、维生素、水溶性维生素）、矿物质（灰分、无机盐、）、水（H_2O 氢氧化合物），共七大营养素。

新的提法是在此之外另加纤维素和露卡素。实际上膳食纤维素是不能被人体所消化吸收的，而露卡素才是一个饮食的新概念。

怕生怕硬　营养全空

我们前面在探索动物饮食时，说到小白兔的饮食，它吃生菜、青草照样皮毛光亮，繁殖旺盛。而我们现实生活中，许多人蔬菜的摄入量并不少，但是烹调加工不当，营养被破坏，吃到胃里的只是碴子废物。许多人对蔬菜烹调时怕萝卜生、怕蔬菜硬，就大火猛炖，有的炖肉时，肉与蔬菜一起下锅，肉还没熟，菜早已烂了，并且维生素等有效营养成分也随着水蒸气而蒸发掉了。这不仅造成了浪费，还失去了营养。菜种了、买了、加工不当，营养得到的几乎是零。许多人长年乐此不疲，买菜、洗菜、大火烧菜，吃了一顿又一顿没营养的蔬菜。这就是误区与失败。为此我写了一本《火候》的图书，由广西科技出版社出版发行，多次印刷，专门介绍烹调的火候。

水果和蔬菜摄入不足：蔬菜水果所含热量相对较少，纤维素、维生素和矿物质含量较高。低热量有助于控制体重；纤维素有助于预防胃肠道肿瘤；维生素和矿物质有助于维持机体正常生理功能和内环境稳定；另外，蔬果中的钾钙等离子对控制血压也有重要的作用。实践证明许多蔬菜可以生吃，生吃蔬菜营养丰富，加热处理时，断生变绿即可。但是对土豆、芸豆、油豆、食用菌、鲜黄花应加长用火时间，以消除蔬菜本身的不利于健康的因素。

饮食的误区是我们吃饭过程中无法避免的，走出误区就是光明。愿本书可以给你启迪和帮助，早日走出误区，迎来光明快乐的饮食新时代。

窝头咸菜大碗茶　富贵饮食倒可怕

粗茶淡饭，有益中老年人身体健康。

在我国，自古代医学便提出了"五谷为养，五果为助，五畜为益，五菜为充"的杂食思想。而且，这一思想一直以来就受到了古往今来的中国人的高度重视。与之相呼应的是，到了南北朝时期，陶弘景在医学上又著述了《养性延命录》一书，在书中总结了前人在养生实践中的得失，写出了"田夫寿，膏粱夭"的警世之语。用今天的话来说，就是：粗菜淡饭者长寿，肥肉精粮者夭之。

什么是"粗茶淡饭"？粗茶淡饭是指清淡的茶水、营养丰富的少盐菜肴。根据现代医学解释，粗茶淡饭就是以植物性食物为主，注意粮豆混食、米面混食，并辅以各种动物性食品，常喝粗茶。"粗茶"是指较粗老的茶叶，与新茶相对。尽管粗茶又苦又涩，但含有的茶多酚、茶丹宁等物质，却对身体很有益处。"淡饭"即富含蛋白质的天然食物，包括丰富的谷类食物和蔬菜，也包括脂肪含量低的鸡肉、鸭肉、鱼肉、牛肉等，另外"淡饭"也指饮食不能太咸，太咸易引发骨质疏松、高血压，长期饮食过咸还可导致中风和心脏病等。

在当今社会，提倡粗茶淡饭和杂食尤其具有重要的现实意义。物质生活的不断提高，使许多家庭的餐桌上时常摆满了营养素过剩的食物，由此而导致肥胖症、高脂血症、动脉血管硬化、冠心病、脂肪肝等一系列富贵病的发生。

天然食物 神降之物

只认萝卜家常菜 营养美食吃不来

有很多人为了健康十分注意营养问题：一听说某食品多吃不宜，便一口不吃；而听说某种食品有助于延年益寿时，就拼命多吃。其动机虽然可取，但却时常顾此失彼而造成不良的后果。

例如：为了防止动脉血管硬化和肥胖症，很多人拒绝食用动物性脂肪和肥肉，而只吃植物油和瘦肉，以为如此便可安然无恙。殊不知，瘦肉所含有的丰富的蛋氨酸进入人体后，在酶类的催化作用下变成同型半胱氨酸，从而为动脉血管硬化提供了前提条件和可能性。同时，摄取低胆固醇和高植物油食物，虽然可在一定程度上防止动脉血管硬化的发生，但罹患胆结石症并由此导致死亡的几率却比正常人高出 2 倍以上。

鱼。鱼肉脂肪中含有对神经系统具有保护作用的欧米伽－3 脂肪酸，有助于健脑。研究表明，每周至少吃一顿鱼，特别是三文鱼、沙丁鱼和青鱼的人，与很少吃鱼的人相比较，老年痴呆症的发病率要低很多。吃鱼还有助于加强神经细胞的活动，从而提高学习和记忆能力。

全麦制品和糙米。增强肌体营养吸收能力的最佳途径是食用糙米。糙米中含有各种维生素，对于保持认知能力至关重要。

大蒜。大脑活动的能量来源主要依靠葡萄糖，要想使葡萄糖发挥应有的作用，就需要有足够量的维生素 B_1 的存在。大蒜本身并不含大量的维生素 B_1，但它能增强维生素 B_1 的作用，因为大蒜可以和维生素 B_1 产生一种叫"蒜胺"的物质，而蒜胺的作用要远比维生素 B_1 强得多。因此，适当吃些大蒜，可促进葡萄糖转变为大脑能量。

鸡蛋。鸡蛋中所含的蛋白质是天然食物中最优良的蛋白质之一，它富含人体所需要的氨基酸，而蛋黄除富含卵磷脂外，还含有丰富的钙、磷、铁以及维生素 A、D、B 等，适于脑力工作者食用。

核桃和芝麻。现代研究发现，这两种物质营养非常丰富，特别是不饱和脂肪酸含量很高。因此，常吃它们，可为大脑提供充足的亚油酸、亚麻酸等分子较小的不饱和脂肪酸，以排除血管中的杂质，提高脑的功能。另外，核桃中含有大量的维生素，对于治疗神经衰弱、失眠症，松弛脑神经的紧张状态，消除大脑疲劳效果很好。

水果。菠萝中富含维生素 C 和重要的微量元素锰，对提高人的记忆力有帮助；柠檬可提高人的接受能力；香蕉可向大脑提供重要的物质酪氨酸，而酪氨酸可使人精力充沛、注意力集中，并能提高人创造能力。香蕉含有丰富的矿物质，特别是钾离子的含量较高，另外香蕉中还含有一种能够帮助人体制造"开心激素"的氨基酸，可减轻心理压力，常吃香蕉对补脑很有帮助。此外，牛奶中富含蛋白质、钙、氨基酸等多种营养，也是补脑的佳品。

肥肉。含有丰富的磷脂，是构成神经细胞不可缺少的物质。

蛋黄。富含脑细胞所必需的营养成分，能给大脑带来活力。

大豆。含有丰富的蛋白质，每天吃一定量的大豆或豆制品能增强记忆力。

胡萝卜。含有比较丰富的胡萝卜素，能预防和消除大脑疲劳。

木耳。含有蛋白质、脂肪、矿物质、维生素等，是健脑、补脑佳品。

牛奶。含有蛋白质、钙等，可为大脑提供所需的多种氨基酸。

大蒜。含有大蒜素，有消炎、杀菌作用，还有一定的降血脂和补脑作用。

根据有关研究，对大脑生长发育有重要作用的物质主要有以下 8 种：脂肪、钙、维生素 C、糖、蛋白质、B 族维生素、维生素 A、维生素 E。所以，富含这 8 种物质的食物都可算作是健脑食物。现将其中最突出的列举如下：

核桃。它富含不饱和脂肪酸，这种物质能使脑的结构物质完善，从而使人具有良好的脑力。所以人们都把它作为健脑食品的首选。

动物内脏。动物内脏不但营养丰富，其健脑作用也大大优于动物肉质本身。因为动物内脏比肉质含有更多的不饱和脂肪酸。

红糖。红糖中所含的钙是糖类中最高的，同时它还含有少量的 B 族维生素，这些会促进大脑的发育。

中国食文化丛书编委会推荐产品

 健康养生蔬菜

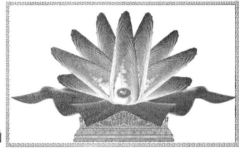

唐山黑猫王农民合作社:

贵社生产的慈玉牌玉田包尖白菜,经专家评定为:

健康养生蔬菜

特发此证 以资鼓励!

中国食文化丛书编委会
Food Cultural Books of China

低碳环保 绿色健康

慈玉牌包尖白菜

中国食文化丛书编委会推荐产品

 健康养生米

辽宁岗山硒谷生态农业开发有限公司公司:

贵公司生产皇粮贡大米经专家评定为:

健康养生米

特发此证 以资鼓励!

中国食文化丛书编委会
Food Cultural Books of China

世界名厨委员会

低碳环保 绿色健康

健康养生米——皇粮贡

养生美酒——厨皇一品

健康养生金牌菜

和才牌鲜榨果汁

后　记

　　我针对社会上不良的生活习惯和错误的饮食方法写作出版了《陋习与校正》由民政部中国社会出版社出版发行，《危险饮食》由中国旅游出版社出版发行，《戒陋习保健康》由金盾出版社出版发行，并且编写出版了两套厨师培训教材，这么做的目的就是想推广科学饮食，让人们吃出健康，吃出美丽，吃出快乐好心情。此书是从 2003 年着手编写，历时 12 年的时间磨出此书，更是献给读者的一片真情！

　　健康中国，健康饮食。饮食革命，科学饮食已成为新世纪的新时尚。从 20 世纪、50 年代到 70 年代中国人民的饮食一般维持在温饱型，到了 80 年代，开始转向繁荣型（多为大吃大喝），90 年代发展到享受型（从中品尝美味佳肴）。如今，到了 21 世纪，人们的饮食便成了营养型——健康养生型。

　　人们发现，饮食不当会致病，糖尿病、高血压、高血脂、高血糖、肥胖症、脂肪肝等慢性疾病都是因为饮食不当、营养失衡所引起的。饮食能带来灾难，造成早逝，这给人们敲响了警钟！

如何吃？怎样避免不科学地饮食？让科学饮食伴随我们，在此前提下我们编写了一系列的科学饮食图书，此书只是其中的一本。通过我们平日常见的事例，指出其中的危害，让人们把握住"病从口入"关，让饮食给我们带来健康，带来美丽，让生活更愉快，更幸福。

现在中国的健康养生市场的形势是，大众需要养生知识，需要正确普及性的知识，渴望正确实用的健康饮食知识。本书的高级顾问、高级编委由从事中医养生研究三十多年的教授，中国药膳大师，中国养生保健讲师等组成。他们有丰富的知识和养生实践，有讲课的经验，有较高的专业资质，从而保证了此书的质量，更是作者献给读者的真爱之心。

我们在饮食与文化间探索，研究人类的第一需求——健康饮食！

此书在编写过程中，得到了河北省烹饪协会会长马凤岐先生、北京中医药大学教授翁维健先生、河南三不沾饮食集团郑先民先生，以及北京的多名营养保健专家的支持和广大厨师、媒体朋友的帮助，姜波先生在工作百忙中为此书作序，在此谨致以崇敬的感谢！

书中的内容很不完备，不当之处，欢迎来信指正！对书中的技术问题编委会负责咨询服务。联系电话：13601369075　传真：010－88031807
qq 邮箱：1003056221@ qq. com　　E－mail：qishan5212@ 163. com；wedy55@ 163. com

张仁庆

2017 年 6 月 12 日

再修改增补

中国十大厨神首席刘敬贤大师的厨艺传奇人生

首席厨神刘敬贤大师

近日在北京举行的中国食文化表彰大会上，评出了中国十大厨神。这次评选是继2005年后的第二届，十年磨一剑，是烹饪行业中最高、最珍贵的奖项、这十大厨神分别是：刘敬贤，辽宁省烹饪协会副会长、中国烹饪大师；杨贯一，香港世界御厨；程伟华，中国烹饪大师，山东烟台市烹饪协会会长；景长林，国家体育总局高级厨师，满汉全席的传承人；刘凤凯，中国烹饪大师，陕西丈八沟宾馆行政总厨，御味斋总裁；倪子良，山西面食技术传承人，中国烹饪大师；吕良福，中国烹饪大师，福建南平市烹饪协会会长；陈显俊，青海著名厨师，中国食文化高级编委；黄铭富，贵州烹饪大师，烹饪教学、餐饮管理大师；熊海波，黑龙江省双鸭山市中国烹饪大师，国际烹饪厨艺大师，中国食文化丛书编委会高级编委。

这十位厨神是经过网上投票、微信点赞、各地推荐，经过综合评比、严格选拔而产生的。其中，刘敬贤大师、杨贯一大师、刘凤凯大师是两届连任，刘敬贤大师是两届连任首席。刘敬贤大师的厨艺传奇故事很丰富，在此只讲他厨艺中的 21 个第一：

中国第一届烹饪大赛荣获金榜第一名；

被港、台地区称赞为中华食神，并赴香港表演厨艺，并举办名厨荟萃为公益的个人名宴展示、品鉴活动；

《人力资源》封面人物中的第一位厨师；

三次登上《中国食品》杂志的封面人物第一人（三次分别是 2004 年 5 月 15 日，2007 年 6 月 1 日，2015 年 4 月 15 日）；

第一位被赞誉为"厨艺大圣"，并登上《品位》杂志封面；

第一个在台湾美食节上交流厨艺术——凤凰单展翅的大陆厨师；

第一个全面开发满汉全席的烹饪大师；

全国第一批入选的中国烹饪大师；

第一批中国餐饮业功勋人物（2009 年 9 月为纪念新中国成立 60 周年而评选）；

第一个被台湾《餐饮丛书》刊登封面人物，并做了长篇报道的大陆厨师；

在上海参加第一届中国烹饪世界大赛评委；

第一个被沈阳老科学家协会聘为"烹饪科学家"；

第一个走进大专院校被聘为"客座"交流烹饪技艺；

第一个入选国际烹饪艺术大师中饭店协会颁发；

第一个被中国台湾高雄餐旅学院聘为"客座";

1984 年第一个在香港北京楼表演"冠军名厨宴";

第一个在新加坡表演"辽宁山珍海味天下第一";

第一个获得美国国际中餐协会"厨艺魔术师";

第一个被北京大学、北京师范大学、人民大学、清华大学、对外经贸大学、东北大学等聘为顾问、"客座";

第一个走出辽宁,成为弘扬辽菜第一人;

第一个获得职业技能鉴定专家证书;

表彰大会还颁发了中国书画金鼎奖、金奖、优秀奖,对为弘扬祖国传统文化表现突出的人进行表彰。

呦呦鹿鸣百载　煌煌春耀九州

本书编著与编委会主任刘敬贤大师在鹿鸣春饭店

鹿鸣春，辽菜发祥地及经典代表、中华百年驰名餐饮老字号、国家级非物质文化遗产"辽菜传统烹饪技艺"全国独家保护单位。

其名源自《诗经·小雅·鹿鸣》小雅鹿鸣篇："呦呦鹿鸣，食野之苹，我有佳宾，鼓瑟吹笙。"公元 1929 年创建至今，以烹饪满汉全席、鹿鸣宴、山珍海味及精品辽菜为主打菜点。

王星垣，鹿鸣春始创人，民主爱国人士。他将资金分成 420 股，每股 100 元，以股份制方式开办了鹿鸣春饭店，原址南市场。

王甫亭，一代宗师，鹿鸣春掌门厨师。操鲁菜之绝技，禀扒菜之宗旨，使鹿鸣春建店之初，即雄居沈阳著名的"三春、六楼、七饭店"之首，并获"辽沈无双味，天下第一春"之美誉。在几十年的烹饪生涯中，呕心沥血为国家培养厨师上万名，被称为"厨师的黄浦，冠军的摇篮"。

刘敬贤，中国食神、烹饪大师。融炉火纯青，集烹艺大成。潜心钻研、敢于创新，1983年全国烹饪大赛中技压群雄，成为中华悠悠五千年烹饪史上首位烹饪大冠军，使辽菜因鹿鸣春而发扬光大，名盖华夏，被称为弘扬辽菜第一人。

张春海，鹿鸣春传承人、辽菜文化名片代表烹饪大师，沈阳市烹饪协会会长。2005年，摘牌收购中华老字号鹿鸣春饭店。2008年对鹿鸣春进行历史性改制，并在原址重新装修开业，成为鹿鸣春餐饮集团董事长。2014年他又将辽菜申报为国家非物质文化遗产，续写辽菜辉煌。

文脉渊远，珍馐飘香，翰墨生辉。近百年来，鹿鸣春菜肴不断发展创新、追求时尚，吸引了无数政界要员、国际友人、名流佳宾慕名前来品尝。原址、原创、原汁原味的鹿鸣春正声董四海、名耀五洲！

姜波简历

姜波，中国烹饪大师，高级点心技师、营养师。大学学历，国宝级烹饪大师刘俊卿老先生亲传弟子，著名京剧表演艺术家吴吟秋先生之徒，广陵派第十二代传承人古琴家、书画家李家安先生入室弟子，北京市非物质文化遗产传承人，蜜供姜第五代传人，北京市东城区民间文艺家协会副主席，老北京旗人民俗美食世家，中国烹饪协会会员，北京烹饪协会会员，服务行业里赞誉为"京城饮食民俗第一人""京城第一服务师""北京城饮食里的活化石"，中国食文化丛书高级编委。

姜波原为北京 61 中学烹饪专业教师，后曾在森帝美食娱乐城、中华人民共和国文化部部长餐厅、外交部部长餐厅、北京市政府天安门管理集团天广美食园、上地产业信息基地康得宾馆、金玉大厦御都精品菜、中央玉泉山服务局、北京海湾绿洲大戏楼餐饮有限公司、故宫博物院建富宫文化院工作并担任重要部门负责人，是北京国际职业教育学校客座教授。

自幼跟随京剧大师张君秋、梅葆玖、冀韵兰、赵荣琛（赵朴初先生之堂弟）、王吟秋等老先生学习国粹京剧艺术，后拜著名京剧表演艺术家吴吟秋老先生学习京剧（现国家级非物质文化遗产传承人）。1994年拜刘俊卿老先生为师学习面点制作技术（刘俊卿老先生早年师从于清宫御、寿膳房名师赵茂林老先生，后又拜港、澳、台、粤"四大点心"天王之首的褚东凌老先生为师）。还先后得到面点大师的指导，王世襄等老先生的点拨、提携，技艺大进。1996年获"首届北京面点、冷拼、食雕烹饪大赛面点金牌组第一名，"同年8月至1997年10月为多位中央首长服务，受到了首长的高度赞誉。1998年获"北京第四届烹饪大赛"面点金牌。同年在多种报刊刊登了《论老北京餐饮管理及风味特点》《论老北京寿宴堂会》及《论北京61中学烹饪专业模块教学》等文章。2005年至2006年赴邀前往新加坡、印度尼西亚进行表演及讲学，并传授传统的面点制作技术。他创制的"蟹籽荞汤烧麦"轰动了全椰城，同时也成为很多美食家、巨富商贾餐桌上的首选，至今仍流行于东南亚地区及日本。2007年至2010年被101.8栏目、北京广播电台103.9、87.6栏目、北京电视台生活频道等栏目聘为嘉宾主持，并参与节目的策划、修改、制作、改版等工作。

2009年受轻工业出版社主编马燕先生之邀，参加了国家"第十一个"五年计划，填补国家空白重点工程——《中国饮食文化》大型图书的编写工作。主要负责北京、天津两卷的编写。（除姜波外还有两位老师负责编写：一是清华大学历史系博士生导师刘老先生，现年70多岁；一是故宫博物院非文化遗产办公室主任、研究员苑洪琪，现年60多岁。姜波是编写此书最年轻的一位，当年33岁。）2010年参加编写由清华大学出版社出版的《中华人民共和国职业审定中心面点技能高级、技师、高级技师》一书，预计此书明年出版面市。自 1995 年至今他还不计薪酬，在全国讲学，弘扬真正的中国传统饮食文化的精髓，众多媒体都对他进行报道和专访。也被誉为"北京城里的活化石"。

姜波在点心制作方面仍遵循刘俊卿老先生提出的原则："继承传统不是墨守成规，改进创新也不可乱其根本。"他制作的潮粤点心、星期美点具有"选料精博、色调高雅、口味丰腴、造型清新"的特点；制作的宫廷御点及北京各式小吃无不具备"选料精、下料狠、火候足、技法多、口味纯、香味浓、色泽美"等特点，充分体现了兼容并蓄，博采众长、趋时应世、精益求精的独特风格。他不仅精通中西面点，而且旁通冷荤及热菜，还发展创新了一些面点的制作方法。他具有丰富的传统宫廷饮食、民俗文化、筵席知识及厨房、餐厅的管理经验，并能组织、设计、安排大型中、高档宴会的制作任务，受到了海内外同行和媒体的关注。

其代表作品有：油炸冰淇淋、火烧冰淇淋、立体奶油花篮蛋糕、螺纹芋艿包、海参鸡汁面、御制八珍糕、老北京蜜供、蜂巢炸芋角、鲍汁伊府面、宫廷鲜奶酪、帕尔木丁、韩式鲜鱿饼、太极香芒塔、玉米鸡肉饺、满州奶饽饽、擘酥榴莲夹、北京素肉包、淡奶粟子酥、潭府打面仓、炉肉灌汤包、时令鲜花饼、桂花酸梅汤、苓贝秋梨膏、广东凉茶、港式葱油面、西汁龙须面，等等。

中国食文化丛书编委会

《健康中国系列丛书——吃饭的境界》
编委会名单

蔡育发	蔡育福	杨汉前	程伟华	李长茂	戴书经
党金国	李爱民	董百灵	董国成	张多武	徐春霞
葛振林	黄春雁	姜贤来	李河山	李卓学	胡晓华
叶美兰	徐建伟	张帅林	徐　权	魏传峰	周世勤
张立敏	李　祥	张玉华	李希彬	张　儒	陈建国
张玉军	韩桂喜	郭万有	原玉芬	李沅玲	范布林
常生林	任纪峰	杨　杰	苏沁阳	胡琇清	张光明
李　源	杨　杰	张素燕			

封面题字：著名书法家李广效

中国食文化丛书编委会
高级顾问名单

（按姓氏笔划排列）

卫祥云	中国调味品协会会长
王文哲	中国食品工业协会会长
王文智	内蒙古鄂尔多斯餐饮饭店协会副会长
王文桥	北京旅游饭店管理处原处长
王家明	中国公关协会艺术委员会秘书长
母建华	中国消费者协会秘书长
甘纯庚	新华出版社原常务副社长
丛国滋	中国食文化研究会副秘书长
邓宗德	国家旅游局正局级巡视员
孙晓春	中国烹饪协会副会
刘望霖	国际绿色产业协会中国区工作委员会理事长
刘峻杰	中国民工党中央委员会服务部部
刘敬贤	爱斯克菲厨皇美食会荣誉主席、中国烹饪大师

刘凤凯	爱斯克菲厨皇美食会荣誉主席、中国烹饪大师
朱明媚	中国人口文化促进会常务副会长
汤庆顺	北京饮食协会会长、东来顺集团董事长
李清贤	全国政协机关党委书记
李士靖	北京食品工业协会原会长
李舰舶	中国侨联机关党委书记
李隆基	世界和平基金会国际低碳环保委员会执行会长
李敏生	中国汉字文化协会会长
李　琛	中国老年保健协会原会长
李鸣德	中国烹饪协会高级顾问
李艳芳	中国老年保健协会副会长
杜长友	北京烹饪协会荣誉会长
张世尧	中国烹饪协会荣誉会长
张彩珍	中华体育总会副主席
张玉玺	中国农副产品市场协会会长
张维新	中国民营企业国际合作发展促进会会长
张永年	全国政协机关离休（正局级）干部
张旭辉	辽宁省烹饪协会名誉会长
吴连登	中央警卫局高级顾问
那国宏	中国老年学学会、科学养生委员会主任
杨建利	全国妇联离休干部、北京书画院院长
周世勤	中国民间武术家联谊会副会长、中国武术八段
邹锦旗	国务院国资委有色金属局党委书记

陈树新	中国部长将军书画院院长
宫学斌	全国人大代表、龙大食品集团公司董事长
姜　习	世界中国烹饪联合会名誉会长
贾雪阳	中国人民解放军总参谋部政治部主任
袁吉良	全国人大常务委员会机关管理局局长
袁宗堂	国家旅游局原饭店管理司司长、世界金钥匙中国区主席
袁伟明	爱斯克菲厨皇美食会亚太区主席
常大林	中国食文化研究会会长
黄静波	全国人大常委、青海省原省长
郭　英	中国烹饪协会副会长
惠鲁生	国家食品药品监督管理总局原副局长
韩　明	中国饭店协会会长
蔡　励	中国文化促进会秘书长
魏纪中	国家体育总局高级顾问、申奥功臣

国内第一个行业精神出台

张仁庆

人无精神不立，国无精神不强。精神是一个民族文化的体现，也是一个人素质的体现。在近日召开的中国食文化表彰大会上，由中国食文化丛书编委会倡议提出的厨师精神得到了广大厨师的肯定和认同，来自国内300余名厨师在厨师精神上签字，以示支持和认可。

改革开放以来，我国餐饮业的发展很快，各种经营模式并存，营业额不断攀升，餐饮行业已成为利税贡献较大的行业，也是就业、创业、从业人员最多的产业。厨师精神是："爱岗敬业，诚信高效、传承文化，创新发展。"厨师精神的提出和推广，将对规范企业行为，加强从业人员自律、端正行业之风起到积极的作用，同时此精神也向相关行业协会，管理部门发去征询函，并得到了相关部门的支持和认可。

国际绿色产业协会世界名厨委员会
中国食文化丛书编委会

高级会员高级编委名单

（以姓氏笔画）

于　壮（黑）	于谋勇（鲁）	于爱民（蒙）	于德琴（京）	于连富（辽）
于德良（津）	于庆杰（冀）	关伟雄（港）	万宝明（辽）	文逸民（新）
马乃臣（辽）	马进年（冀）	马凤岐（冀）	马健鹰（苏）	王家明（京）
王　莉（黑）	王　军（皖）	王贵华（粤）	王海东（京）	王冬鸣（黑）
王书发（苏）	王友来（苏）	王荔枚（苏）	王文桥（京）	王　丰（苏）
王耀辉（闽）	王耀龙（闽）	王成珍（苏）	王其胜（京）	王兴林（鲁）
王子辉（陕）	王　美（京）	王美萍（京）	王献立（苏）	王　伟（皖）
王建斌（蒙）	王景涛（鲁）	王桂明（京）	王洪海（鲁）	王　庆（鄂）
王金月（冀）	王奕木（浙）	王海涛（鲁）	王维坤（辽）	王文智（蒙）
王朝忠（冀）	王新国（京）	王国民（京）	王　公（蒙）	王运站（蒙）
王世恒（鲁）	王京善（鲁）	王振远（鲁）	王　青（鲁）	王永光（鲁）
王俊利（蒙）	王振山（鲁）	王景峰（冀）	王　磊（京）	王兆红（鲁）
王志超（冀）	王相文（京）	王晚根（赣）	王　淳（苏）	王荷发（京）
韦　智（桂）	齐　林（陕）	石　林（京）	石万荣（京）	江培洲（京）

江少康（滇）	任振伍（冀）	方玉东（冀）	方松来（皖）	区成忠（粤）
牛铁柱（津）	朱振乾（鲁）	牟德刚（粤）	公庆刚（鲁）	关　明（滇）
关晓东（中）	赵庆华（京）	成高潮（蒙）	车延贵（鲁）	叶海彦（新）
叶再府（浙）	叶连方（浙）	叶美兰（闽）	叶坚毅（陕）	叶再镯（浙）
印　川（川）	白建华（晋）	白常纪（京）	白云峰（晋）	白学彬（京）
白殿海（辽）	史瑞彩（京）	卢达洪（闽）	卢本乔（中）	卢晓光（京）
孙长金（鲁）	孙月庆（冀）	孙孟全（鲁）	孙建辉（陕）	孙汉文（鲁）
孙孟德（鲁）	孙宝宗（宁）	孙大力（京）	孙晓林（蒙）	孙喜正（豫）
孙国栋（鲁）	汪铜钢（美）	冯宏来（中）	冯健威（粤）	冯　军（浙）
江少康（滇）	江照富（浙）	李世清（京）	李铁军（辽）	李　伟（辽）
李恩波（贵）	李世君（鲁）	李志仁（鲁）	李　想（苏）	李建民（津）
李广龙（冀）	李　刚（京）	李金龙（辽）	李长茂（鲁）	李河山（桂）
李锦齐（津）	李春祥（辽）	李光远（京）	李洪祯（陇）	李悦忠（京）
李荣玉（京）	李志顺（豫）	李凭甲（京）	李里特（中）	李招荣（赣）
李师民（鲁）	李万国（吉）	李　山（蒙）	李爱民（鲁）	李镜正（粤）
李高举（陕）	李秀英（鲁）	李忠东（京）	李命霆（京）	李　军（陕）
李广效（京）	李大成（鲁）	武宝宁（京）	刘敬贤（辽）	刘凤凯（陕）
刘峻杰（中）	刘俊杰（京）	刘桂欣（京）	刘　勇（京）	刘耀辉（闽）
刘建鹏（晋）	刘卫民（苏）	刘维山（晋）	刘　燕（京）	刘利军（冀）
刘援朝（中）	刘现林（鄂）	刘国栋（青）	刘志明（沪）	刘　标（闽）
刘法魁（豫）	刘佳月（冀）	刘宗利（鲁）	刘　科（川）	刘海林（港）
刘兆君（京）	刘柏良（辽）	刘其创（豫）	刘清石（吉）	刘　刚（鲁）
齐津广（粤）	任原生（晋）	任纪峰（中）	毕国才（京）	朱宝鼎（苏）
朱瑞明（京）	朱永松（京）	朱诚心（苏）	朱长云（京）	吕良福（闽）

吕良胜（闽）	吕洪才（浙）	许堂仁（台）	许振克（冀）	吴朝珠（渝）
苏耀荣（粤）	苏志远（鲁）	苏喜斌（京）	雷博洪（鄂）	雷志奎（鄂）
巩蒲城（鄂）	涂 欣（鄂）	涂春梅（陕）	邵军亭（新）	冯宏来（京）
范立士（冀）	米 佳（陕）	邓 宇（鄂）	邓小赛（赣）	杜广贝（京）
杜 力（晋）	杜 莉（川）	杜 利（黔）	邱 顺（蒙）	邱庞同（苏）
何吉成（新）	何 亮（京）	何 凡（沪）	何义峰（中）	何若兰（台）
贺 玲（湘）	嵇跃文（苏）	沈映洲（赣）	沈晓军（闽）	沈建新（沪）
汤庆顺（京）	谷宜城（京）	蔡 励（京）	管延松（鲁）	姚 杰（京）
姚荣生（浙）	姚海扬（鲁）	肖存和（赣）	肖永利（京）	肖 芊（京）
施建岚（中）	梅丽琼（中）	鲁维允（京）	候文益（鲁）	康贤书（川）
张金齐（冀）	张春海（辽）	张文彦（京）	张云甫（鲁）	张仁庆（京）
张帅林（黑）	张志广（京）	张铁元（京）	张多武（津）	张金涛（闽）
张旭辉（辽）	张 钧（沪）	张广民（陇）	张永利（豫）	张宝胜（鲁）
张奔腾（辽）	张韶云（鲁）	张 慧（黑）	张庆嘉（京）	张铭泽（港）
张 起（沪）	张建春（陕）	张世友（川）	张贵平（黔）	张景龙（黔）
张春雨（豫）	张亚萍（京）	张勇辉（闽）	张爱国（京）	张吉顺（鲁）
张绵龙（京）	张贵平（蒙）	张 坤（鄂）	张起金（京）	张进利（冀）
张智勤（冀）	张潮荣（晋）	张丹阳（京）	张玉爱（冀）	张永生（冀）
权福健（鲁）	余延庆（吉）	余教信（浙）	金宁飞（闽）	金昌宝（辽）
焦明耀（京）	安卫华（京）	蔡育发（沪）	蔡育福（沪）	蔡孝国（鄂）
施顺利（浙）	孟祥萍（京）	陈国军（京）	陈连生（京）	陈功年（浙）
陈志云（浙）	陈彦明（辽）	陈晓汀（闽）	陈显俊（青）	陈 坪（西）
陈光新（鄂）	陈桂琴（冀）	陈 峰（粤）	赖维森（闽）	游凤招（闽）
魏德旺（闽）	黄振荣（闽）	陈金山（闽）	陈沧海（吉）	陆庆才（中）

陈印胜（京）　杨建利（京）　杨利明（蒙）　杨科庭（粤）　杨汉前（沪）

杨建良（苏）　杨立京（京）　杨旭升（桂）　杨益华（津）　杨光顺（黑）

杨景玉（豫）　杨登龙（沪）　杨玉辉（鄂）　杨淑珍（台）　杨贯一（港）

杨太纯（辽）　杨 杰（晋）　杨 锦（津）　杨志杰（辽）　杨建良（苏）

杨国伶（京）　丛奇华（湘）　倪子良（晋）　袁晓东（京）　宋国学（冀）

宋广泉（津）　宋文瀚（吉）　宋清海（豫）　宋广荣（黑）　房 超（黑）

吴敬华（京）　苏喜斌（京）　邹德昌（辽）　罗书铭（桂）　罗时龙（苏）

周 玲（川）　周三金（沪）　周华兵（京）　周 雄（浙）　周桂禄（京）

周 利（沪）　周朝富（京）　周世勤（京）　周守正（川）　林俊春（琼）

林承步（京）　林建璋（闽）　林文杰（京）　林立广（中）　林醉杰（浙）

林自然（粤）　林铭煌（闽）　林庆祥（闽）　林凌山（赣）　郑佐波（浙）

郑秀生（京）　郑先民（豫）　郑维新（鲁）　姜宪来（辽）　姜 波（京）

姜晓红（苏）　鲍业文（豫）　庞风雷（中）　胡建生（冀）　胡华伟（鄂）

胡晓华（渝）　胡秀清（京）　郭庆杰（津）　郭广义（冀）　武保宁（宁）

何兴民（京）　何 亮（京）　赵留安（豫）　赵西颖（鲁）　赵惠源（京）

赵有生（晋）　赵有才（京）　赵庆华（京）　赵晓平（京）　彭训功（豫）

贺 林（蒙）　崔卫东（京）　侯玉瑞（中）　侯根宝（沪）　郭建宇（京）

郭方斌（鄂）　郭恩亮（沪）　郭亚东（京）　郭本良（川）　郭广义（冀）

梁长昆（川）　俞学锋（鄂）　祝阿毛（沪）　宫学斌（鲁）　宫明杰（鲁）

阎仲奎（京）　曹 恩（京）　郝文明（蒙）　郝 海（冀）　郝树忠（蒙）

郝 娟（京）　郝冠霖（冀）　章元炳（浙）　陆新辉（闽）　那国宏（京）

郝臻朝（京）　骆炳福（闽）　海 兰（青）　海 然（京）　夏德润（吉）

夏华昌（沪）　唐代英（陕）　冉鸿雁（辽）　唐永娥（鲁）　康留国（湘）

贾富源（鲁）　陶 震（京）　尉京虎（鲁）　高关岐（陕）　高 山（京）

高小锋（桂）　高俊宏（冀）　栾宝谦（鲁）　顾明钟（沪）　徐宝林（苏）

徐小龙（粤）　徐兰清（京）　徐　权（京）　徐灿义（鲁）　徐建伟（沪）

徐守乐（黑）　徐春霞（鲁）　夏阳光（吉）　夏方明（鲁）　沅丛珍（贵）

鲁维允（京）　解　锋（陕）　钱文亮（冀）　康　辉（京）　黄振华（粤）

黄建兵（苏）　黄铭富（贵）　黄荣华（赣）　金树萍（京）　粘书健（鲁）

曹宝龙（京）　钟一富（川）　荣学志（京）　常维臣（京）　常百阳（京）

韩文明（蒙）　韩正泽（蒙）　韩桂喜（京）　曾术林（晋）　曾　耿（浙）

程伟华（鲁）　童辉星（闽）　董国龙（冀）　董国成（粤）　董书山（鲁）

谢宏之（京）　谢小明（湘）　谢水兴（粤）　谢旭明（浙）　纪民众（中）

翟文亮（京）　葛龙海（京）　鲍力军（浙）　简振兴（闽）　褚立群（藏）

詹亚军（陕）　裴春歌（冀）　魏传峰（京）　景长林（京）　熊永丰（浙）

熊海波（黑）　熊小东（川）　黎永泰（粤）　樊胜武（豫）　潘宏亮（京）

潘镇平（苏）　潘森扬（浙）　潘亚中（京）　傅必聪（台）　戴桂宝（苏）

童　伦（京）　蒋福军（京）　蒋志强（京）　蒋思前（川）　廖建明（闽）

赖寿斌（闽）　贾三文（蒙）　洪赵海（赣）　潘东治（新）　鞠锦堂（豫）

樊红生（鲁）

　　广州分会会长：谢水兴

　　济南分会会长：王兆红

　　青岛分会会长：李大成

　　主　编：张仁庆

　　技术总监：孙晓春

　　副主编：董书山　姚　杰

（此名单为 2017 年 3 月度高级编委、高级会员，还可以推荐申报。中国食文化，有

你更精彩）

图书在版编目（CIP）数据

吃饭的境界 / 张仁庆编著. -- 北京：经济日报出
版社，2017.8
ISBN 978 - 7 - 5196 - 0185 - 0

Ⅰ. ①吃… Ⅱ. ①张… Ⅲ. ①饮食 - 基本知识
Ⅳ. ①TS971

中国版本图书馆 CIP 数据核字（2017）第 190118 号

吃饭的境界

作　　者	张仁庆
责任编辑	郭明骏
责任校对	李艳春
出版发行	经济日报出版社
社　　址	北京市西城区白纸坊东街 2 号 A 座综合楼 710
邮政编码	100054
电　　话	010 - 63584556（编辑部）　　63516959（发行部）
网　　址	www.edpbook.com.cn
E - mail	edpbook@126.com
经　　销	全国新华书店
印　　刷	北京鑫瑞兴印刷有限公司
开　　本	710×1000 mm　1/16
印　　张	19.75
字　　数	233 千字
版　　次	2017 年 8 月第一版
印　　次	2017 年 8 月第一次印刷
书　　号	ISBN 978 - 7 - 5196 - 0185 - 0
定　　价	68.00 元